커피를 배우다

안지영 저

예신 Books

커피 참 오묘한 매력을 가지고 있는 소재라는 생각이 듭니다.

한 잔이 주는 즐거움에 빠져 접하게 된 커피가 이젠 삶을 살아가는데 있어 이렇게 소중하게 느껴질 것이라는 건 처음에는 생각지도 못했습니다.

향기에 빠져, 맛에 빠져, 그리고 사람에 빠져 이젠 인생의 지침서 같은 커피……

언젠가 음악(音樂)을 음학(音學)이라 부르지 않는 이유를 들은 적이 있습니다. 학문이 아니라 즐기는 것이기 때문에 음악이라 부른다고……

커피 또한 같지 않을까 하는 생각을 하게 되었고, 많은 사람들이 커피를 배우기 위한 목적으로 만나는 것보다 커피를 통해 긍정적인 힘과 삶의 목적, 여유를 느끼며 만나길 바라는 마음에서 이 책을 쓰게 되었습니다.

이 책은 맛있는 커피를 즐기는 방법에서부터 맛있는 커피를 만들기 위해 어떻게 해야 하는 지에 대한 내용으로 구성하였습니다. 또한, 2009년과 2010년에 인도네시아, 과테말라, 콜롬비아, 엘살바도르의 커피 산지를 방문하면서 배우고 느꼈던 산지의 모습 및 사람들도 담았습니다.

15년 넘게 커피와 함께 했지만 커피를 이야기한다는 것은 참 어렵고도 힘든 작업입니다.

정신적으로 끝까지 포기하지 않고 마무리할 수 있게 해준 나인커피 친구들(고동현, 김이중, 김광선, 원경수, 유승신, 임석일, 최재호, 최상현), 언제나 커피에 있어 멘토가 되어 주시는 커피명가의 안명규 사장님, 사진 작업과 삽화를 멋지게 그려준 코리아커피 스텝들, 그리고 도서출판 **예신** 여러분들께 감사의 말을 전합니다.

부족한 점이 많지만 많은 분들이 커피를 사랑할 수 있게 되는 교두보가 되길 희망합니다.

커피가 목적이 아니라 커피를 통해 멋진 삶을 설계하고자 하는 커피를 사랑하는 모든 분들과 함께 하고 싶습니다.

저자 씀

차 례

Chapter 1 커피를 즐기다

1. 역사로 만나는 커피

2. 한국인이 좋아하는 커피

Chapter 2 커피를 배우다

5. 커피 향미를 디자인하다

Chapter 3 커피를 느끼다

1. 커피로 살아가는 사람들
2. 커피 산지의 이모저모

커피를 배우다

Chapter **1**

커피를 즐기다

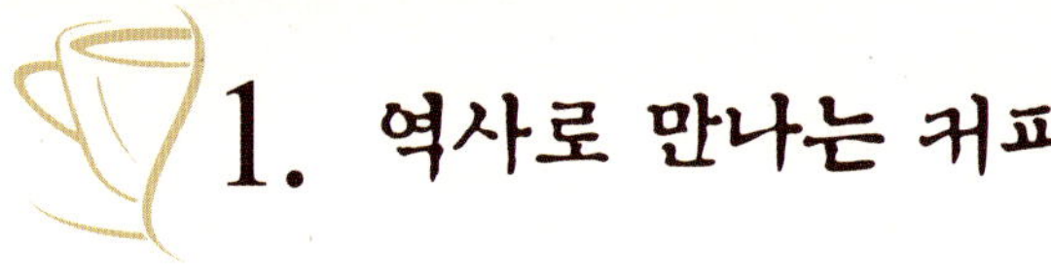

1. 역사로 만나는 커피

커피의 기원

커피가 언제부터 발견되고 음용되었는지는 정확히 언급하긴 어려워도 커피 발견에 대한 가설 중 가장 많이 알려진 것들만 알아보기로 하자.

많은 저서 중에서 가장 먼저 만날 수 있는 칼디Kaldi의 전설이다.

지금부터 약 1000여 년 전 아프리카 에티오피아에는 칼디라는 목동이 살고 있었다. 이 목동은 염소를 방목하면서 기르고 있었는데, 어느 날 우리로 돌아온 염소들의 모습이 여느 때와 다름을 느끼게 되는데 심지어 얌전히 잘 잤던 염소들이 갑작스럽게 흥분하고 밤잠을 못 이루는 걸 보고 다음날부터 염소들의 행동을 관찰하기 시작하였다.

관찰 결과 어떤 나무의 빨간 열매를 먹었을 때 일어난다는걸 알게 되었다.

신기하게 생각된 목동은 그 열매를 직접 맛보게 되고 기분이 상쾌해지면서 약간의 흥분감을 느끼게 되었다. 그 사실을 가까운 이슬람사원 승려에게 알려 여러 가지 실험을 거쳐 그 빨간 열매가 잠을 쫓는 효과가 있다는걸 발견하였다.

항상 잠이 부족한 승려들에겐 아주 좋은 소식이었고, 이는 다른 나라로 퍼질 수 있는 계기가 되었다.

두 번째로 많이 전해지는 가설은 오마르Omar의 발견설이다.

1200년경 아라비아 승려 셰이크 오마르는 당시 전염병에 휩싸인 모카 지역에 정착하게 되었는데, 모카 공주의 병을 치료하면서 사랑에 빠지게 되었다고 한다. 결국 모카 왕의 노여움을 산 오마르는 추방당하게 되었고, 이리저리 산속을 헤매게 되었다.

이때 우연히 커피 나무를 발견하여 커피로 목숨을 연명하고, 커피 열매가 피로를 풀고 심신에 활력을 불어넣어 준다는걸 알게 되었다.

이후 살아 돌아온 오마르는 이 열매를 이용하여 많은 환자를 치료하는데 성공하고 커피의 효능을 널리 알리게 되었다.

커피의 어원

커피의 역사는 인류의 역사처럼 오랜 역사를 가지고 있다. 하지만 누구도 커피의 전파 과정을 정확하게 설명하기는 어려울 것이다. 단순히 오랜 고서를 통해 전해지는 몇몇 가지 설들만 있을 뿐이다.

이러한 커피의 기원들을 살펴보게 되면 커피는 약용으로 인류에게 전파되기 시작했고, 와인을 금하였던 이슬람교에서 커피의 음용이 더욱 확대되면서 홍해를 건너 예멘 땅에 이식되었다. 이 당시 최초로 커피(Qahwa, 카와 : 잠을 쫓는다는 의미)를 재배하게 되었고, '분Boun'이라고 부르는 커피는 주로 열매를 통째로 우려 마시거나 죽처럼 걸쭉하게 끓여서 먹거나 약으로 복용하는 등 전통적인 방법으로 이용되었다.

유럽에 와인과 맥주가 있다면 커피는 이슬람을 대표하는 음료로 봐도 될 것이다.

이슬람 민족이 정복당했던 나라엔 반드시 커피가 전파되었고, 십자군 전쟁을 통해 본격적으로 유럽인들에게 퍼져나가게 되었다.

17세기쯤 유럽에 전파된 커피는 상류 계층에서나 즐길 수 있는 호사의 상징이었고 일종의 특권으로 인식되었다.

그 후 제국주의 열강들이 아시아를 지배하고, 그 지역에 커피를 이식하여 재배하면서부터 커피는 대중들이 즐기는 대중 음료가 될 수 있었다.

커피의 어원은 아랍에서 최초로 커피를 마신 예멘의 신비주의 수피교도들에 의해 이 음료가 졸음을 쫓아주는 효능이 있다는걸 알게 되면서, 정신을 깨워주는 의미를 가진 '카와'라고 부르기 시작했다. 예멘에서 카와Qahwa라는 아랍어로 시작되어, 프랑스어의 카페Café와 영어의 커피Coffee, 네덜란드어의 코피Koffie, 이탈리어의 카페Caffè, 그리스어의 카페오Kafeo, 페르시아어의 케베Qehvé, 폴란드어의 카바Kawa, 터키어의 카베Kahveh 등의 어원이 되었다.

# 2. 한국인이 좋아하는 커피

커피 전문점 커피

(1) 에스프레소

1990년대 초 한국 여대생들의 워너비 아이템으로 등극하여 한국의 경제 위기 IMF를 거치면서 소자본 창업의 주역이 된 커피 전문점들은 바로 이탈리아에서 물 건너온 에스프레소로부터 시작되었다.

2000년이 훌쩍 지난 지금도 커피 전문점을 오픈해볼까라고 생각하는 사람들은 당연히 에스프레소 메뉴를 중심으로 창업 계획을 잡고 있는 실정이다.

2005년 한국에 커피 교육의 열풍과 2007년 대중 매체를 통한 커피의 전파는 대중들의 실생활 속에 여유로운 상징으로 자리 잡게 되었고, 이젠 자신을 표현하는 하나의 매체로 자리 매김하였다.

또한 많은 대중들은 일터에서, 학교에서, 생활 속에서 바리스타가 만들어주는 에스프레소를 기본으로 하는 메뉴들을 즐기고 있다.

에스프레소를 이용하여 만드는 모든 메뉴의 퀄리티는 에스프레소 한 잔에서부터 시작된다.

생두의 품질, 향미의 블랜딩, 커피 입자의 분쇄 정도, 에스프레소 머신의 압력과 온도, 바리스타의 기술, 주변 환경 등은 에스프레소의 향미를 좌우하는 조건이라고 볼 수 있다.

잘 만들어진 한 잔의 에스프레소는 적갈색의 밀도 높은 거품Creama 층, 강렬한 향기, 부드러운 촉감, 오래 지속되는 좋은 여운 등의 특징을 가지고 있다.

오늘날의 전 세계 많은 바리스타들은 이러한 맛있는 에스프레소를 만들기 위한 노력을 게을리하지 않았고, 이러한 노력은 커피 마시는 습관과 라이프 스타일 변화에까지 영향을 미치게 되었다.

그럼 대중들에게 사랑받는 에스프레소를 본격적으로 파헤쳐 보기로 하자.

① 에스프레소의 정의

즉석에서(on the spur of moment)

+

가압에 의해(under pressure)

+

빠르게 추출(in a short time)

하여 만드는 커피를 일반적으로 에스프레소라고 한다.

에스프레소 연구가인 A. Illy와 R.Viani 박사가 정의 내린 에스프레소

분쇄된 커피 6.5±1.5g	물(펌프)의 압력 9±2bar
물의 온도 90±5℃	추출 시간 & 추출량 30±5초, 25~30mL

World Barista Championship(WBC)에서 정의 내린 에스프레소

- 분쇄된 커피의 양 : 커피 분쇄 입도에 따라 다양한 커피 무게
- 물의 온도 : 90.5~96℃
- 물의 압력 : 8.5~9.5bar
- 추출 시간 : 20~30초 권장
- 추출량 : 크레마 포함 25~35mL

(사)한국커피협회에서 정의 내린 에스프레소

- 분쇄된 커피의 양 : 커피 분쇄 입도에 따라 다양한 커피 무게
- 물의 온도 : 90~95℃
- 물의 압력 : 8~10bar
- 추출 시간 : 20~30초
- 추출량 : 크레마 포함 25~35mL

② 에스프레소 추출의 특성

 크레마

뜨거운 온도의 물이 압력에 의해 커피 케이크 층을 통과할 때 불용성의 미세한 지방 성분과 섬유질 조직들이 이산화탄소와 결합하여 커피 표면에 거품 층이 형성되는데, 이를 크레마 Creama라고 부른다.

에스프레소 품질을 크레마로 구별하는 방법은 다음과 같다.

적절한 크레마 층은 추출된 커피의 온도와 향을 보존해 준다.

좋은 크레마의 색상—적갈색의 호랑이 꼬리 무늬 Tiger skin

좋은 크레마의 밀도와 지속성

- 한 방향으로 잔을 기울였을 때 속이 꽉 차고 부드러워야 함.
  [(사)한국커피협회/ WBC 기준]
- 설탕 한 스푼을 크레마 위에 얹었을 때 가라앉는 정도로 판단함.

---

coffee break

현탁액Suspension

- 진흙물처럼 작은 알갱이들이 용해되지 않은 채 액체 속에 퍼져 있는 혼합물을 의미한다.
- 현탁액 속에 있는 작은 입자들은 거름종이로 걸러낼 수 있다.

좋은 크레마 색상

좋지 않은 크레마 색상

잔을 기울였을 때

설탕을 얹었을 때

🐸 향기, 맛, 그리고 중후함

에스프레소의 맛이 다른 추출법의 커피와 구별되는 이유는 짙은 농도도 있지만 풍부한 향기와 맛, 중후함, 여운 때문이다.

잘 추출된 에스프레소는 점도가 높으면서 표면 장력이 낮아 추출된 커피의 향미를 강하게 느낄 수 있다.

에스프레소의 중후함은 현탁액 층을 형성하는 지방과 미세한 섬유질로 만들어진 추출 콜로이드에 의해 느껴진다. 이러한 추출 콜로이드는 입안 미뢰 세포를 덮어서 쓴맛이 튀지 않게 해주기도 한다. 또한 추출 콜로이드는 입안의 향기를 천천히 증발하게 하여 뒷맛Aftertaste을 풍부하게 해준다.

> 잘 추출된 에스프레소의 맛의 특징은 다음과 같이 설명할 수 있다.
>
> ① 튀지 않는 맛의 조화성
> ② 풍부한 향기와 달콤한 맛
> ③ 풍부하면서 자극적이지 않은 뒷맛
> ④ 매끄러운 목넘김
> ⑤ 입안 가득한 중후한 느낌

🍵 드립 커피 vs 에스프레소 커피

드립 커피	vs	에스프레소 커피
주로 싱글 오리진	사용하는 커피	주로 중후하면서 균형 잡힌 블랜딩
중간 볶음(Medium roast)	볶음 정도	진한 볶음(Dark roast)
중간 분쇄	분쇄 입도	가는 분쇄
88~92℃	추출 온도	90~95℃
1bar	추출 압력	8~10bar
약 10g	커피 사용량	7~8g
150mL	추출량	20~30mL
용액	추출액 조성	용액, 유화층
깨끗하고 산뜻한 향미	관능적 특성	풍부한 향기와 맛, 여운, 중후함.

드립 커피

vs

에스프레소 커피

③ 에스프레소 추출에 영향을 주는 4대 조건

🍵 블랜딩Miscela

잘 추출된 에스프레소는 균형 잡힌 맛과 향기를 가지고 있어야 한다. 이러한 커피를 추출하기 위해선 가장 먼저 좋은 품질의 커피를 선택하는 것이 중요하다.

커피 산지, 품종, 가공 방법, 로스팅 정도에 따라 다양한 방법으로 블랜딩할 수 있으나, 블랜딩하는 가장 중요한 이유는 조화로운 맛을 만드는 데 있다. 단순히 몇 가지 커피를 섞는다는 생각은 좋지 않은 향기와 맛을 만들어낼 수도 있다. 따라서 커피 특징에 따라 여러 가지 블랜딩 방법을 찾아 조화로운 커피 향미를 만들어내는 것이 중요한 포인트이다.

또한 향미의 조화로움을 추구한다면 블랜딩해서 즐기는 것이 좋겠으나, 개성 넘치는 커피를 즐기고 싶다면 블랜딩하지 않는 싱글 오리진Single origin 커피를 사용하는 것도 하나의 방법이다. 최근 싱글 오리진 에스프레소도 인기를 얻고 있는 추세이다.

그라인더Macinadosatori 분쇄

볶은 커피를 분쇄하여 물과 만나는 표면적을 증가시켜 가용성 물질들이 쉽게 용해될 수 있게 하는 것은 에스프레소 추출에 있어 매우 중요한 요소이다.

일반적으로 에스프레소 추출 시 분쇄 입도는 다른 추출 방법보다 가늘게 세팅된다. 미세한 입자와 균일한 입자 조절을 위해 에스프레소 전용 그라인더를 사용하고, 분쇄할 때 발생되는 열은 추출 시 커피 향미에 안 좋은 영향을 끼치기 때문에 가능한 발열이 적고 미분이 적게 발생되는 그라인더를 선택하는 것이 좋다.

그라인더 날은 종류에 따라 다른데 일반적으로 원뿔형Conical burr 과 평면형Flat burr이 있다. 원뿔형은 회전수가 적어 열 발생이 적으나 분쇄 입도가 균일하지 못한 단점을 가지고 있고, 평면형은 회전수가 많고 열 발생이 많아 그라인더 날의 마모 정도가 원뿔형보다 빠르게 진행된다. 하지만 분쇄 입도가 조금 더 균일한 편이다.

그라인더 날은 마모가 심할 경우 반드시 새 날로 교체를 해주어야 하며 정기적으로 관리를 해주어야 한다.

에스프레소 전용 그라인더의 종류

도징챔버

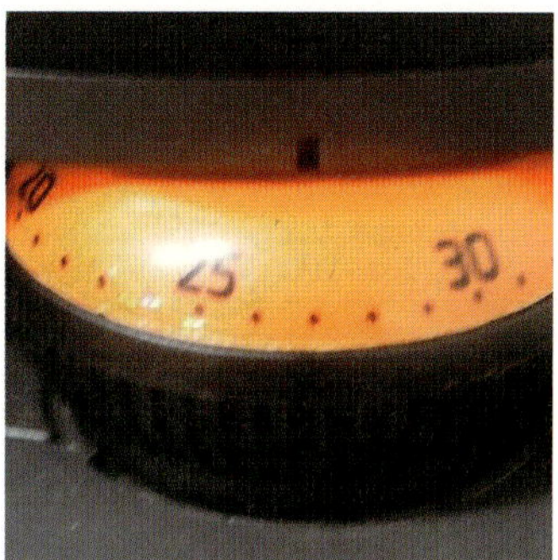

커피 입자 조절판

도징레버

전원 스위치

호퍼

그라인더 각 구조의 역할

- 도징챔버 : 분쇄된 커피를 담아 두는 곳
- 호퍼 : 원두를 담는 통
- 입자 조절판 : 커피 분쇄도를 조절하는 곳

도징챔버 안

거치대

Burr

에스프레소 추출 시 발생되는 현상

1. 과소 추출 Under extraction

현 상	이 유
전체적으로 연한 갈색의 크레마	분쇄 입도가 굵은 경우
크레마 층이 얇아 지속성이 짧음.	커피 투입량이 적은 경우
커피 향미 성분의 과소 추출	물의 온도가 낮은 경우
	압력이 높은 경우
	기준보다 짧은 추출 시간

2. 과다 추출 Over extraction

현 상	이 유
탁하면서 진한 갈색의 크레마	분쇄 입도가 가는 경우
크레마 층이 얇아 커피액이 보이기도 함.	커피 투입량이 많은 경우
큰 화이트 스팟이나 오일마킹	물의 온도가 높은 경우
커피 향미 성분의 과다 추출	압력이 낮은 경우
	기준보다 긴 추출 시간

과소 추출

과다 추출

에스프레소 기계 Macchina

종 류

반자동 에스프레소 머신	완전 자동 에스프레소 머신	수동 에스프레소 머신
• 그라인더가 분리되어 있어, 입자 조절과 탬핑 후 추출하는 방식 • 물의 양을 세팅할 수도 있으나 주로 추출 버튼이 On-Off로 되어 있음.	• 그라인더가 내장되어 있으며, 입자 조절, 커피 투입량, 추출물량 모두를 세팅하여 추출할 수 있는 방식 • 세팅 값만 좋으면 누구나 쉽게 커피를 추출할 수 있음.	• 바리스타 힘에 의해 피스톤 레버를 작동하여 추출하는 방식 • 바리스타의 기술에 의해 맛이 많이 좌우된다.

반자동 머신

자동 머신

수동 머신

에스프레소 머신

머신의 구조별 명칭

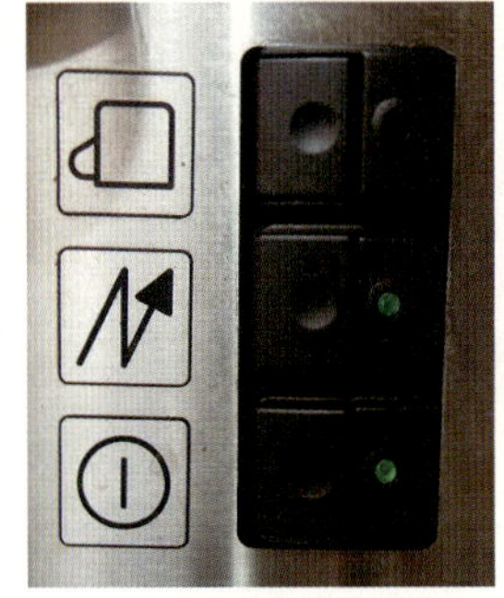

전원

에스프레소 머신에 전력을 공급하고 보일러의 온도를 상승시켜 주는 버튼이다. 머신의 브랜드에 따라 보일러 스위치가 별도로 있는 것도 있고 하나로 작동되는 것도 있다.

보일러

보일러는 내부에 열선이 있어 물을 가열하여 온수와 스팀을 공급해주는 역할을 한다. 보일러 내부엔 70% 정도의 온수와 30% 정도의 스팀이 채워진다.

에스프레소 머신의 용량은 보일러의 용량을 의미한다. 동 재질의 본체와 부식을 방지하기 위해 내부엔 니켈로 도금되어 있다. 머신을 지속적으로 사용하게 되면 보일러 내부에 스케일이 발생하므로, 주기적으로 분해하여 제거를 해주어야 한다.

스팀 압력 게이지

보통 에스프레소 머신의 전원이 꺼져 있을 땐 '0'을 가리키다가 전원이 켜지면 '1~1.5'를 가리킨다.

머신마다 세팅되는 시간은 조금씩 다를 수 있지만, 보통 20~30분 정도의 시간이 걸린다.

추출 압력 게이지

추출 버튼을 작동하여 커피가 나올 때 물의 압력 상태를 보여주는 장치로 일반적으로 8~10bar 정도를 나타낸다.

그룹헤드

포타필터Porter filter를 결합하는 부위로 열수가 나오는 곳이다. 그룹의 개수에 따라 1그룹, 2그룹, 3그룹 머신으로 구분되어 있다.

포타필터가 결합될 때 온도와 압력이 외부로 새어나지 않도록 안쪽에 개스킷이 부착되어 있다.

개스킷이 경화되어 깨지면 포타필터 외부로 물이 새는 현상이 발생되므로 주기적으로 교환해주어야 한다.

추출 버튼

추출 버튼은 일반적으로 싱글 포타필터용 2개와 더블 포타필터 2개, 추출량을 조절할 수 있는 연속 추출 버튼으로 구성되어 있다.

연속 추출 버튼을 제외하고는 물의 양을 세팅하여 사용할 수도 있다.

포타필터

커피를 담는 도구로서 한 잔을 추출할 수 있는 싱글 샷 포타필터와 두 잔을 추출할 수 있는 더블 샷 포타필터가 있다.

포타필터의 온도는 커피 맛에 영향을 끼치기 때문에 항상 머신 온도와 비슷해야 한다. 보통 머신 그룹에 장착시켜 놓으며, 차가운 경우 추출 전 추출 버튼을 작동시켜 충분히 예열 후 사용한다.

포타필터에서 커피가 추출되는 추출구Spout는 항상 깨끗하게 사용해야 한다.

온수 버튼 & 온수 노즐

보일러 안의 뜨거운 물을 추출하는 버튼으로 잔을 데우거나, 메뉴를 만들 때 사용된다.

스팀밸브

보일러 안의 스팀을 분출하는 역할이며, 에스프레소 머신마다 구조가 다르다. 원형의 형태는 왼쪽으로 돌리면 스팀이 분출되고, 손잡이형은 아래위로 올리거나 내리면 스팀이 분출된다.

스팀노즐

스팀이 분출되는 출구이며, 에스프레소 머신에 따라 분사구 개수는 다르지만 보통은 4개의 분사구를 가지고 있다.

그 외 부위 명칭

- 드립 트레이Drip tray : 배수 트레이라고도 불리며, 커피 추출이나 온수가 배수되는 받침대이며, 커피 추출 시 잔을 올려놓는 곳이다. 분리가 가능하므로 매일 청소를 해준다.
- 컵 워머 : 잔을 올려 따뜻하게 예열할 수 있는 곳이다. 항상 청결하게 관리해야 한다.
- 솔레노이드 밸브Solenoid value : 에스프레소 머신의 물 흐름을 통제하는 부품으로 보일러에 유입되는 찬물과 온수의 추출을 조절하는 역할을 한다.
- 플로우 미터Flower meter : 커피 추출물량을 감지해주는 부품으로, 커피 추출물량을 조절해준다.

coffee break

에스프레소 머신을 구입할 때 고려해야 할 사항

- 머신의 전력 확인
- A/S 가능 여부
- 작업 동선 고려

장착된 포타필터

1잔용 포타필터

팁

드립 트레이

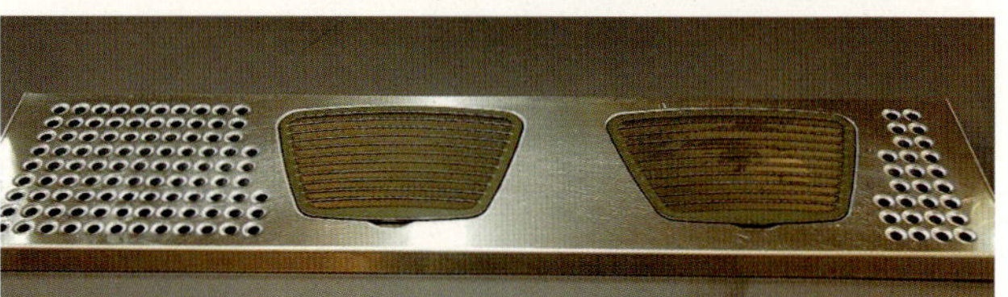

분리한 드립 트레이

그룹헤드

에스프레소 머신 관리 방법

에스프레소 추출을 통해 맛있는 커피를 제조하기에 앞서 머신 청소는 가장 기본적인 일이라고 할 수 있다. 에스프레소 추출은 미세한 입자의 커피를 사용하기 때문에 머신 관리에 세심한 관리가 필요하다. 또한 머신 관리는 머신 수명에도 많은 영향을 끼친다.

올바른 머신 관리 방법을 숙지하고 주기적으로 청소를 해주어야 원하는 맛있는 커피를 좀 더 쉽게 만들 수 있을 것이다.

그룹헤드 및 포타필터 관리 방법

구 분	방 법	도 구
커피 추출 후	• 포타필터 안의 커피 케이크는 노크 박스 안에 버린다. • 샤워스크린(산포망)은 물을 흘려 세척해준다.	
Day 매장 마감 시	• 그룹헤드, 샤워스크린, 물 배수 라인의 커피 가루 및 석회질 세척 방법 • 포타필터의 바스켓에 고무 패킹을 넣거나 블라인더필터Blind filter로 교체한다. • 블라인더필터에 에스프레소 전용 가루세제를 1g 정도 넣고 그룹에 결합시킨다. • 추출 버튼을 10초 정도 작동시켜 세제를 용해시킨 후, 20~30초 정도 백브러싱Back brushing을 한다. • 백브러싱을 그룹마다 3번 정도 반복한다. • 백브러싱을 하고 난 후 잔여 세제를 세척하기 위해 추출 버튼을 5~10회 정도 작동시킨다. • 배수 라인으로 세제 잔여물 없이 깨끗한 물이 나오는지 확인해준다.	• 에스프레소 머신 전용 가루세제 • 블라인더필터 또는 고무 패킹 • 청소 솔 • 타이머 • 전용 행주
Weeks	• 일자 드라이버로 그룹헤드의 샤워스크린의 나사를 푼다(이때 무리한 힘은 피함, 나사가 마모될 수도 있다). • 나사, 샤워스크린, 분사필터로 분리시켜 깨끗이 세척한다. • 그룹헤드에 있는 커피 찌꺼기와 오일 등을 세제를 묻힌 청소 솔로 깨끗이 닦아준다. • 세척된 나사, 샤워스크린, 분사필터를 다시 그룹헤드와 결합시킨다. • 추출 버튼을 작동시켜 샤워기처럼 물이 분사되는지 확인한다.	• 전용 행주 • 일자 드라이버 • 청소 솔
Months	• 커피 추출 시 장착된 포타필터 주위로 물이 새어 나오면 개스킷을 교체한다.	

■ 백브러싱 청소하는 과정(Day)

청소 도구

1g 세제 담기

백브러싱

배수 라인 세제물

잔여 세제 및 커피 찌꺼기

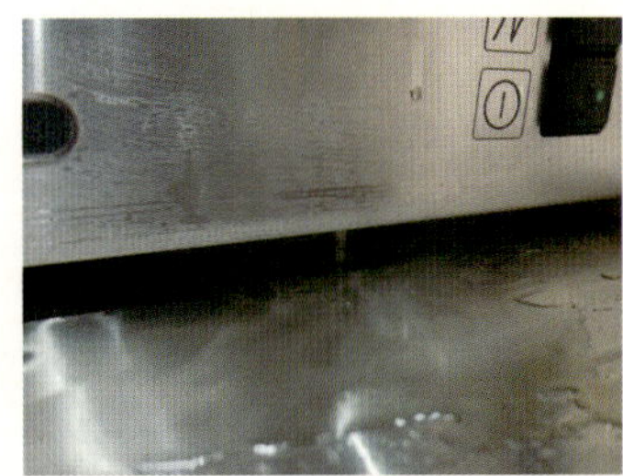

맑은 물

깨끗한 포타필터

샤워기 같은 물 흐름

■Weeks 청소하는 과정

샤워스크린 분리

분리된 모습

분리된 그룹헤드 모습

청소

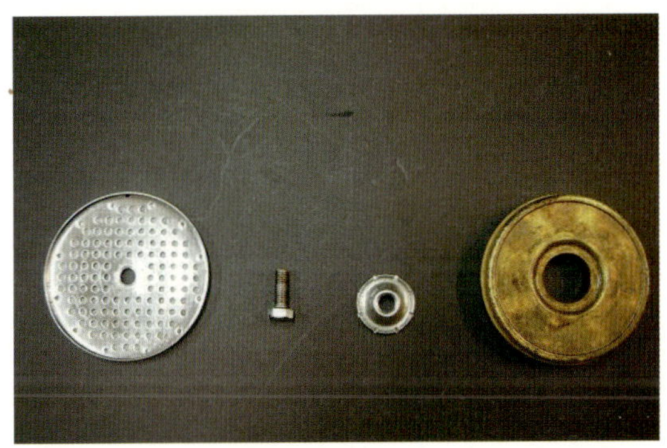

청소된 상태

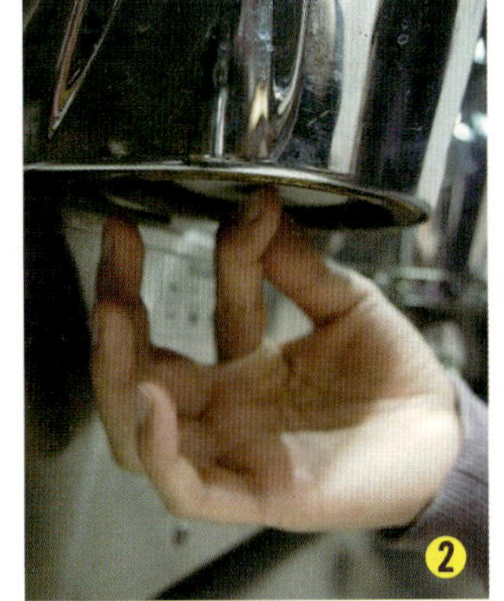

〈청소 후 그룹헤드에 재결합하는 과정〉

머신 외부 관리 방법

구 분	방 법	도 구
Day	• 머신 외부는 자주 깨끗이 닦는다. • 머신 드립 트레이는 마감 청소 시 분리해서 세척 후 재결합시킨다. • 머신 상판 워머는 항상 깨끗한 천으로 물기가 없도록 닦아준다(잔의 입 닿는 부분이 놓이는 곳).	• 깨끗한 행주

그라인더 관리 방법

구 분	방 법	도 구
호퍼	• 분리가 가능하면 분리해서 세척 후 완전히 건조시켜 준다. • 분리가 불가능 시 마른 천으로 커피 오일을 닦아준다.	• 마른 행주
회전날	• 분리 후 브러시로 커피 가루를 제거해주며 재세팅 시 분쇄 입도가 달라질 수 있으므로 반드시 테스트를 한다. • 칼날이 마모되면 교체한다.	• 전용 브러시
도저	• 남은 커피 가루는 빼내고 브러시나 마른 행주로 닦아준다.	• 전용 브러시 • 마른 행주
외부	• 마른 행주로 항상 깨끗이 닦아준다.	• 마른 행주

스팀노즐 관리 방법

구 분	방 법	도 구
Day	• 스티밍용 피처에 1/2 정도의 찬물을 담아 스팀노즐을 담궈 1분 정도 약하게 스티밍해준다. • 우유의 비릿한 냄새가 완전히 빠질 때까지 반복해준다. • 스팀노즐의 팁 Tip 부분을 분리해서 막힌 노즐의 분사구를 뚫어준다.	• 스티밍용 피처 • 스팀 전용 행주

청소 전 필터바스켓

청소 후 2잔용 필터바스켓

청소 후 1잔용 필터바스켓

필터바스켓 분리 후 모습

바리스타의 숙련도 Mano

바리스타 Barista란 '바' 안에서 커피를 만드는 사람이라는 이탈리아어로서, 고객에게 완벽한 에스프레소 한 잔을 제공할 수 있는 능력을 갖춘 사람이라 일컫는다.

단순히 커피를 추출하는 기술만 익히는 것이 아니라, 재료인 생두의 특징에서부터 로스팅 단계의 특징 및 표현, 향미의 구별, 에스프레소 머신 메커니즘의 완벽한 활용 능력까지 모두 겸비해야 하며 무엇보다 고객을 위한 배려와 서비스 마인드까지 갖추어야 한다.

에스프레소 커피 추출

추출 전 준비 단계

1. 에스프레소 머신의 작동 및 압력 점검
- (양쪽 스팀노즐, 추출 버튼 작동/스팀 압력, 추출 압력 점검)─실제 작동해보고 눈으로 압력을 점검한다.

추출 버튼 작동

게이지 눈으로 확인

스팀노즐 분출

2. 잔 예열, 건조하기

- 잔 전체에 뜨거운 물을 넣고 충분히 예열한 후 깨끗한 전용 린넨Linen으로 닦아준다.

온수 받기

잔 예열 80%

물 버리기

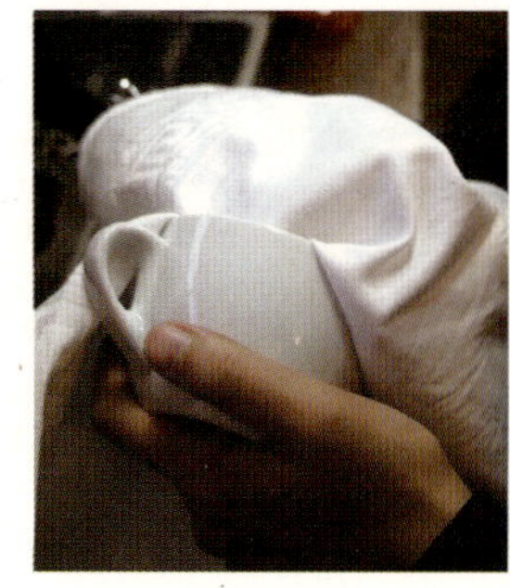

잔 건조

건조

3. 커피 분쇄 입도 세팅 및 그라인더 작동 점검하기(예비 추출 30mL)

그라인더 버튼 & 작동　　　　　　　　　　　　　예비 추출

〈커피 분쇄 입도 세팅 및 점검 과정〉

에스프레소 추출 단계

1. 포타필터를 분리해서 전용 린넨으로 물기 제거하는 과정

• 스파웃Spout의 물기까지 같이 제거해야 한다.

2. 건조된 포타필터에 정확한 커피 담기와 고르는 과정

• 정확한 양과 커피 층의 고른 밀도를 위해 중간에 빈 공간이 없도록 균일한 양으로 담아준다. 이때 포타필터를 좌우로 움직이면서 고르게 담아준다.
• 고르는 작업(레벨링)은 일반적으로 손, 탬퍼, 그라인더 뚜껑 등의 도구를 사용할 수 있다.

3. 탬핑Tamping 과정

• 탬퍼를 이용해서 포타필터에 담겨진 커피에 일정한 힘을 주어 고른 밀도 층을 형성시켜주는 과정이다.
• 고른 밀도 층이 형성되지 않게 되면 물의 흐름이 한쪽으로 치우쳐 좋지 않은 맛이 느껴진다. 커피 층을 통과하는 물의 시간을 탬핑으로 조절할 수도 있다.
• 탬퍼는 탬핑 시 균일한 힘을 주기 위해 사이즈나 잡는 방법이 적당해야 팔이나 팔목에 무리 없이 탬핑할 수가 있다.
• 또한 포타필터 바스켓 사이즈에 맞는 규격을 선택해야 한다.
• 탬핑의 방법에는 1차 탬핑, 태핑, 2차 탬핑 순으로 수평을 만드는 경우도 있고, 1차 탬핑으로 마무리하는 경우도 있다. 커피 층의 수평 밀도를 유지할 수만 있다면 어떠한 방법이든 무관하다.
• 탬핑할 때 스파웃에 커피 파우더가 묻지 않도록 주의해야 한다.

4. 포타필터 가장자리 커피 파우더 제거하는 과정

• 탬핑 후 포타필터 가장자리에 묻어 있는 커피 파우더를 손으로 빠르게 제거해준다.

5. 추출 전 그룹 물 흘리는 과정

• 그룹에 포타필터를 장착하기 전에 열수를 빼주어 추출 온도를 맞추어준다.
• 보일러 안의 과도한 물의 온도는 에스프레소 맛에 안 좋은 영향을 끼친다.

- 이때 샤워스크린에 붙어 있는 커피 찌꺼기도 함께 제거한다. 이 작업은 포타필터를 그룹에서 제거한 직전에 해도 무방하다.

6. 신속한 포타필터 결합 과정

- 그룹에 포타필터를 결합할 때 외부 충격 없이 부드럽게 신속히 결합해준다.
- 포타필터 홀더를 8시 방향에 위치하게 하고, 수평이 되게 그룹과 결합한 후 오른쪽으로 당겨준다.

7. 추출 과정

- 워머 위의 잔을 내려놓고 추출 버튼을 눌러도 되고, 추출 버튼을 누르고 잔을 내려도 된다.
- 이때 잔에 정확히 커피를 받을 수 있도록 신경을 써야 하며, 기준 추출 시간과 추출량에 맞게 추출되어야 한다.

8. 포타필터 청소

- 추출 후 포타필터 내부의 커피 케이크를 커피 찌꺼기통 Knock box에 버리고, 추출 버튼을 눌러 포타필터 바스켓 안의 커피 찌꺼기를 깨끗이 세척해서 그룹에 결합한다.

coffee break

태핑 Tapping

- 1차 탬핑 후 포타필터 바스켓 안쪽에 커피 파우더가 들러붙게 되는데 이를 떨어뜨리기 위한 동작이다.
- 과도한 태핑은 커피 층에 균열이 생기게 되어 물의 통과에 방해를 준다.
- 이는 주로 과소 추출이 이루어져 커피 맛이 밋밋해진다.
- 태핑은 주로 탬퍼 헤드 부분으로 한다.

포타필터 건조 청결

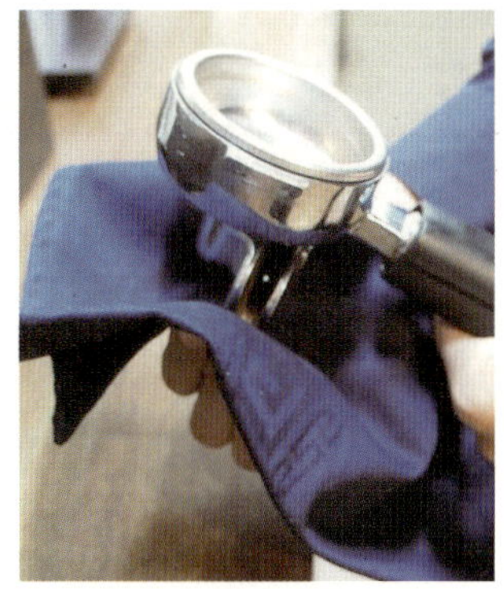

스파웃 청결

〈커피 담는 과정〉

도저 뚜껑

손

나무 스틱

〈커피 고르는 다양한 방법〉

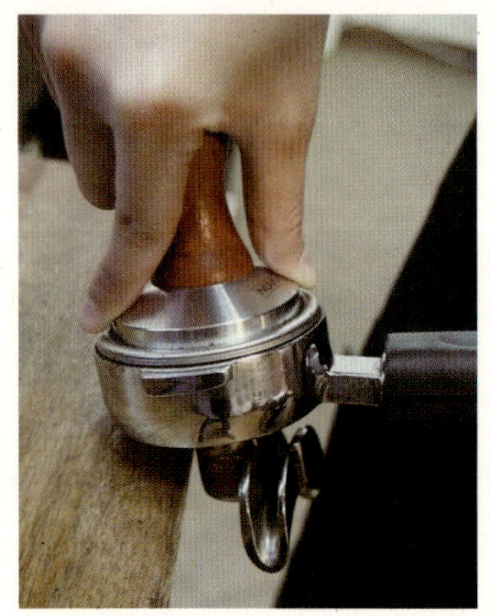

1차 탬핑

태핑

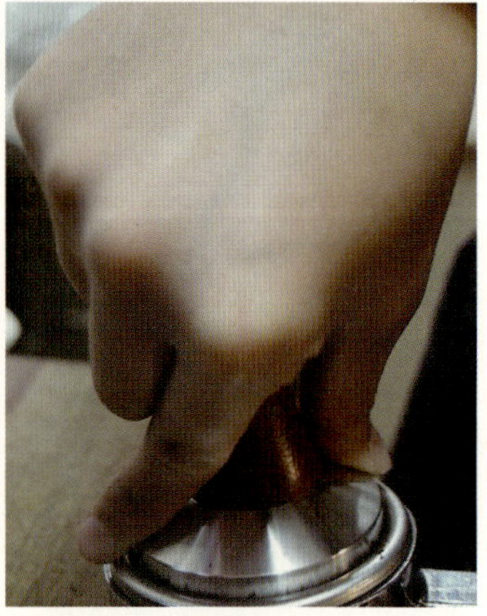

2차 탬핑

포타필터 가장자리 닦기

팩킹 완료된 모습

열수 흘리기

그룹헤드에 장착

추출

30mL 추출

완성된 에스프레소

coffee break

데미타세Demitasse

- 보통 에스프레소 커피를 담는 잔을 데미타세라 부른다.
- 일반적으로 60~1,000mL 정도되는 작은 잔이라는 의미로 일반 잔의 1/2 정도 사이즈이다.
- 적은 양의 커피가 빨리 식어 향미가 떨어질 수 있으므로 보통의 잔보다 두껍게 제작되었다.

다양한 데미타세 잔

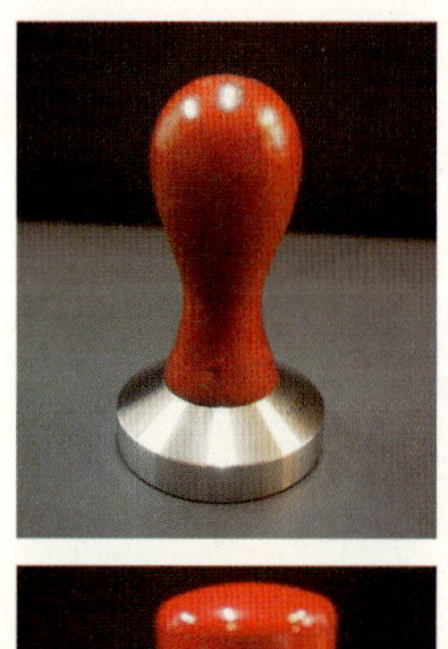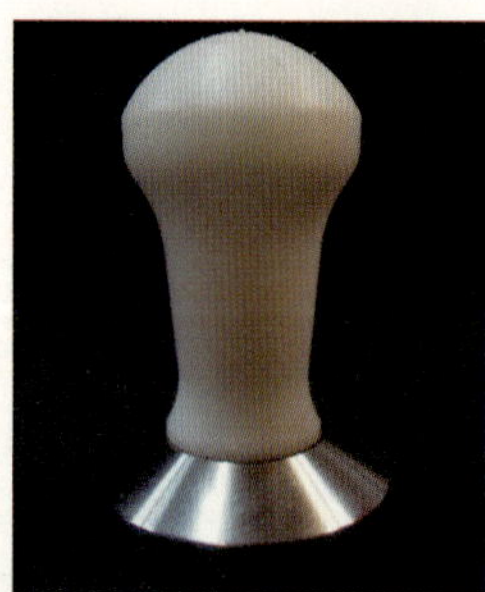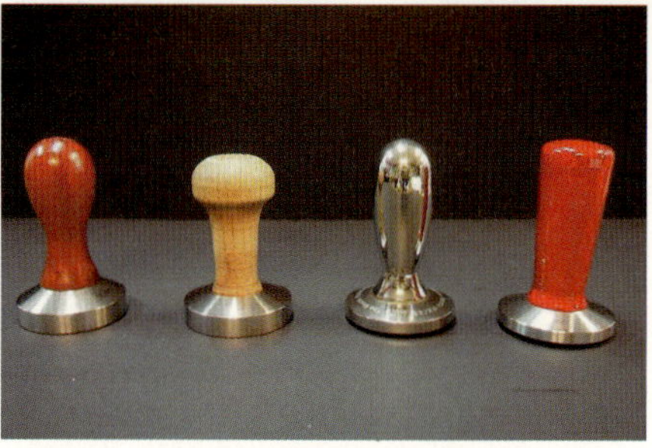

탬퍼의 종류

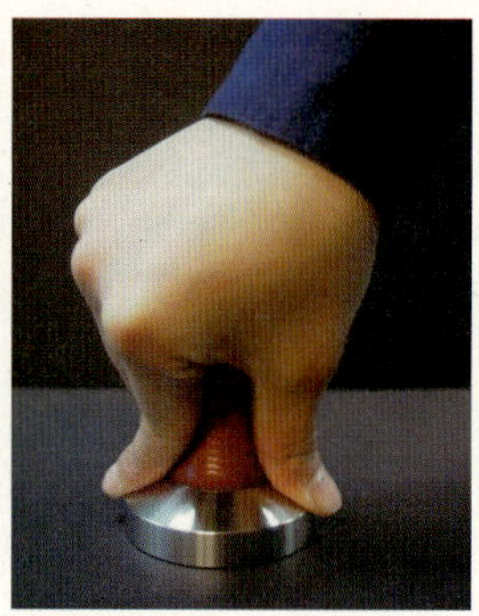

올바르게 탬퍼 잡는 방법

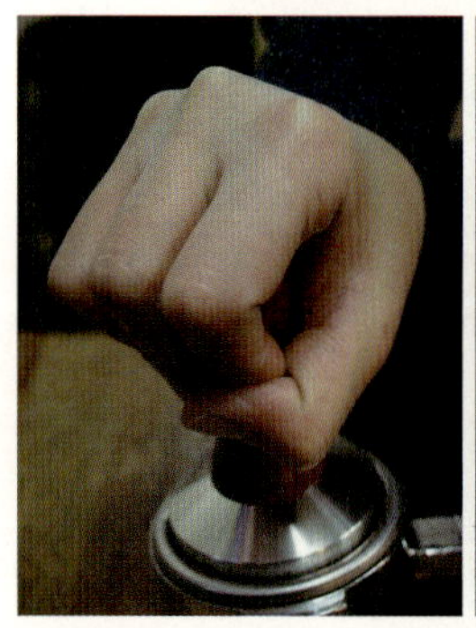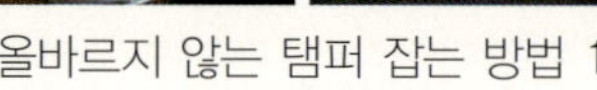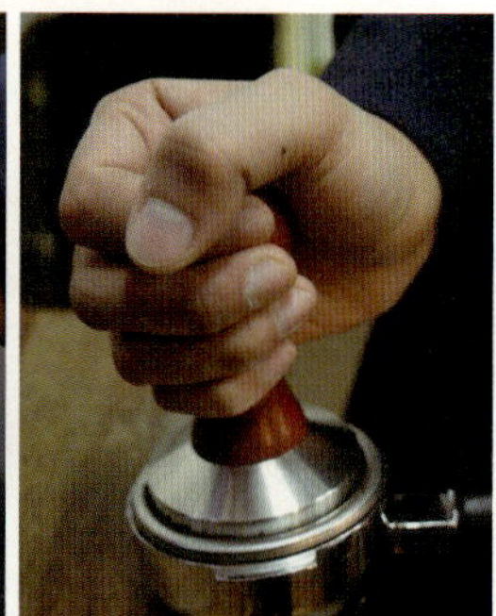

올바르지 않는 탬퍼 잡는 방법 1   올바르지 않는 탬퍼 잡는 방법 2

우유 스티밍 Steaming

우유 스티밍은 카푸치노, 카페라떼 등 에스프레소를 기본으로 하는 메뉴를 만들기 위해 필요한 과정이다.

잘 추출된 에스프레소 한 잔에 벨벳 같은 조직의 반짝이는 고소한 우유 거품만 있다면 입안 가득 맛있는 카푸치노 한 잔을 느낄 수 있을 것이다.

우유 스티밍을 하기 위해선 먼저 적당한 용량의 스티밍용 피처가 준비되어야 한다. 일반적으로 사용되는 스티밍용 피처의 용량은 600mL(20oz), 1,000mL(32oz)가 있는데, 주로 열전도율이 좋고 내구성이 좋은 스테인리스 재질을 사용한다.

스티밍용 피처의 형태는 크게 두 가지가 있는데, 종 모양의 형태로 주로 우유 거품을 낼 때 사용하는 것과 뾰족한 주둥이가 있는 다양한 라떼아트를 할 수 있는 형태가 있다.

우유 스티밍을 할 때 사용하는 우유는 신선하고 차가워야 한다. 우유 온도가 70℃를 넘게 되면 우유의 성분이 변질되면서 우유의 풍미가 변하게 되므로 이 온도를 넘지 않도록 주의해야 한다. 우유 온도의 상승을 확인하면서 스티밍을 하기 위해선 스티밍 전용 온도계를 이용하거나, 스티밍용 피처 외부 벽면에 손을 대고 온도의 상승 정도를 익힌다.

감각적으로 온도 상승 정도를 익히기 위해선 처음엔 전용 온도계로 연습하고, 차후 손 감각으로 익히는 것도 좋다. 우유의 단맛은 보통 55~60℃ 정도에서 잘 느껴지므로 완성된 우유 거품의 온도는 좋은 품질의 카푸치노를 구분하는 기준이 되기도 한다.

좋은 우유 거품을 위해선 다음과 같은 조건이 필요하다.

1. 냉장 보관의 신선한 우유를 사용한다.
2. 적당한 지방 성분이 있는 우유를 사용한다. 우유의 지방 성분은 형성된 거품을 유지하는 데 영향을 준다.
3. 항상 일정한 스팀 압력이 유지되어야 한다. 일반적으로 적당한 스팀 압력은 1~1.5bar로 세팅된다.
4. 올바른 스티밍 원리에 맞게 충분한 연습이 필요하다.
5. 우유 스티밍 후 스팀노즐 내·외부의 우유 잔여물은 스팀 분출로 제거해주고 깨끗이 닦아준다.

coffee break

우유를 가열할 때 발생되는 현상들

- 우유에 피막 형성 – 지방층/단백질 카제인의 응집력 UP
- 스케일 형성 – 스팀노즐에 스케일 형성
- 단백질과 유당 변성에 의한 가열취Cooked flavor 및 고소한 맛 생성

이상적인 우유 스티밍 원리는 다음과 같다.

준비 단계

- 찬 스티밍용 피처에 신선한 우유를 1/3~1/2 정도 담는다.
- 스팀노즐 분사구에 맺힌 물이 우유에 섞이지 않게 젖은 전용 행주를 감싸서 스팀을 분출시킨다(드립 트레이 안쪽으로 분출).

일반적인 우유의 양(200~250mL)

스팀 분출

거품을 형성시키는 단계

- 스팀노즐의 분사구를 1cm 정도 우유에 담근 상태에서 스팀밸브를 열어준다.
- 이때 우유 표면 전체가 출렁이게 되면 스팀밸브를 열었던 손은 스티밍용 피처 옆에 대고, 스팀노즐 분사구가 우유 표면을 스칠 정도로 스티밍용 피처를 내려준다.
- 우유 주변의 공기를 우유 입자 속으로 주입시켜 거품을 생성하는데, 이때 '치이익, 치이익' 하는 경쾌한 소리가 나며 강물이 소용돌이치는 모습과 비슷한 현상을 볼 수 있다.
- 주변의 공기를 주입하게 되면 우유의 표면이 서서히 올라오게 되는데, 동시에 스티밍용 피처를 천천히 내려줘서 스티밍용 피처 높이의 약 70% 정도 찰 때까지 진행해준다.
- 우유의 온도가 37℃ 전후가 될 때까지 공기를 주입시켜 우유 거품을 형성시켜 준다.

공기 주입 단계

70% 높이

잘못된 공기 주입 현상

- 스티밍용 피처 내리는 속도가 빨라 공기 유입이 과도하게 많은 경우
  - 우유 표면이 심하게 튀면서 거친 입자의 거품이 형성된다.
- 스티밍용 피처 내리는 속도가 늦어 스팀노즐 분사구가 우유에 잠겨 있는 경우
  - 지나친 소음이 발생되면서 거품이 적게 생성되고 온도만 상승하게 된다.

거품의 안정화, 혼합 단계

- 스팀노즐과 스티밍용 피처 벽면에 대각선으로 붙이고, 스팀노즐 분사구를 우유 표면 속에 다시 1cm 정도 담근다.
- 강하게 분출되는 스팀은 소용돌이를 만들면서 생성된 거품 층과 우유 층을 혼합해준다.
- 이때 스팀노즐을 깊게 담그게 되면 온도 상승만 일어나게 된다.
- 우유의 온도가 70°C가 넘으면 불쾌한 가열취가 생길 수 있으므로 그 전에 중지시킨다.
- 우유 스티밍을 마치고 나면 재빠르게 젖은 전용 행주로 스팀노즐을 닦아주고, 스팀을 분출하여 우유가 눌러붙지 않도록 해준다.

〈거품 안정화 단계〉

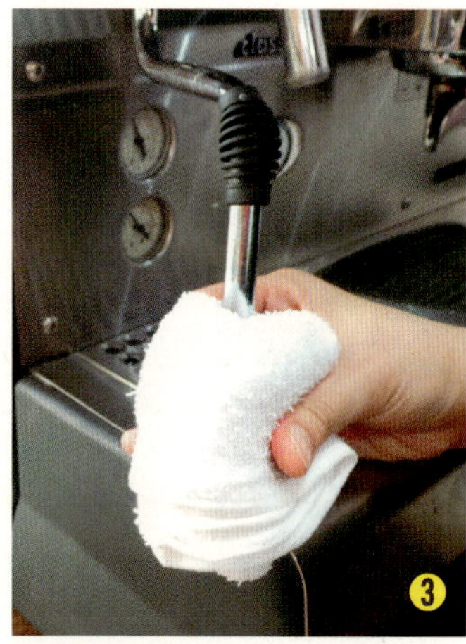

스티밍 후 스팀노즐 닦기와 분출

좋은 우유 거품 형성

공기 주입이 많아 거친 거품 형성

좋은 카푸치노의 일반적인 조건

1. 미세한 버블로 이루어져 생크림 같은 조직의 우유 거품으로 만들어져야 한다.

2. 시각적으로 우유 거품은 부드럽고 광택이 나야 하며 속이 꽉 차 있어야 한다.

3. 커피와 우유 거품, 우유의 조화로움이 있어야 하며 고소해야 한다.

(사)한국커피협회 기준 좋은 카푸치노의 조건

1. 부드럽고 광택이 나는 외형을 가지고 있어야 한다.

2. 크레마와 우유 거품의 색감 비율이 선명하게 표현되어야 한다.

3. 외형적으로 디자인이 대칭을 이루어야 한다.

4. 우유 거품은 부드럽고 실크 같은 미세한 버블로 이루어져야 하며 광택이 나야 한다.

5. 점성이 좋고 촉촉한 질감을 가지고 있어야 하며, 1cm 이상의 거품 층을 가지고 있어야 한다. 이때 커피와 우유 거품이 분리되지 않아야 한다.

6. 우유와 우유 거품 커피의 조화가 있어 달콤한 여운이 있어야 한다. 55~60℃ 정도로 제공되어야 한다.

❶ 점성이 좋고 1cm 이상 거품 층   ❷ 전체 양의 좋은 예
❸ ❹ 크레마와 우유 거품의 색감 비율
〈좋은 카푸치노의 모양〉

〈좋지 않은 카푸치노의 모양〉

라떼아트 Latte art

황금색의 크레마와 반짝이면서 실크 같은 우유가 어우러져 커피의 맛과 함께 예술적인 느낌이 강한 라떼아트라는 메뉴가 탄생하게 된다. 이는 에스프레소 커피 시장의 발전과 확대를 통해 탄생된 바리스타들의 커피에 대한 자기만의 전문적인 분야를 갖추길 희망하는 열정에 의해 탄생된 메뉴라 해도 과언은 아닐 것이다.

에스프레소를 기본으로 해서 만들어지는 무수히 많은 메뉴 중의 하나라고도 볼 수 있지만, 완성도 높은 라떼아트는 맛뿐만 아니라 눈으로 즐길 수 있어 커피에 디자인을 접목한 메뉴라고도 볼 수 있다.

라떼아트는 추출이 잘된 한 잔의 에스프레소와 스팀밀크의 품질에 따라 느낌과 풍미가 달라질 수 있으므로 바리스타의 실력에 따라 맛과 형태의 변화가 크다.

라떼아트는 크게 핸들링 기법과 에칭 기법으로 만들 수 있다.

로제타

3단 밀어넣기

핸들링 Handling 과 푸어링 Pouring 기법

일반적으로 나뭇잎 모양의 로제타 Rosetta 와 하트 Heart 모양을 기본으로 하여 다양한 모양으로 응용이 가능하다. 처음엔 잔의 벽을 타고 이동하는 유속에 의해 생성되는 무늬에 따라 메뉴를 만드는 것이 일반적이었으나, 요즘은 잔의 형태가 다양해지면서 표현하는 방법이 다양해지고 있다. 잔의 형태에 따라 크레마 두께 층이 달라지므로 잔의 형태에 따라 스팀밀크를 따르는 방법을 익혀야 할 것이다.

라떼아트는 스팀밀크를 따르는 높이와 유속, 유량의 조절을 통해 우유와 우유 거품이 분리되지 않고, 크레마와 뚜렷이 색상이 분리되어 시각적으로 완벽한 모양을 갖추게 해야 한다.

그럼 핸들링, 푸어링 기법의 가장 기본적인 두 가지 형태의 라떼아트를 만드는 방법을 살펴보자.

로제타 Rosetta

① 잔을 30° 정도 기울여 잔의 1/3 지점에 스팀밀크를 부어준다. 이때 크레마 층을 뚫고 들어갈 수 있게 우유의 붓는 높이를 높여주거나 붓는 위치를 이동하면서 해준다.

② 잔의 1/3 정도 높이까지 스팀밀크를 부어 크레마 층을 올려준 후 무늬를 형성한다.

③ 잔의 바깥쪽에서 안쪽으로 이동하면서 스티밍용 피처를 좌우 S자형으로 흔들어준다.

④ 잔 가득 무늬가 형성되면 스티밍용 피처의 높이를 들어 스팀밀크의 양을 줄여 중심의 안쪽에서 잔의 바깥 방향으로 선을 그어 마무리한다.

완성된 로제타

① 잔을 30° 정도 기울여 잔의 안쪽 1/3 지점에 스팀밀크를 부어준다. 이때 크레마 층을 뚫고 들어갈 수 있게 우유의 붓는 높이를 높여주거나 붓는 위치를 이동하면서 해준다.

② 잔의 1/3 정도 높이까지 스팀밀크를 부어 크레마 층을 올려준 후 무늬를 형성한다.

③ 잔의 안쪽에서 스티밍용 피처를 좌우 S자형으로 흔들어준다. 많이 흔들게 되면 하트 안쪽으로 물결이 많은 형태가 만들어진다.

④ 잔 가득 무늬가 형성되면 스티밍용 피처의 높이를 들어 스팀밀크의 양을 줄여 중심의 안쪽에서 잔의 바깥 방향으로 선을 그어 마무리한다.

완성된 하트

흔들기 Key point

• 크레마 층을 올릴 때보다 우유의 양을 증가시켜 준다.
• 무늬가 형성될 때 우유의 양과 흔드는 속도는 동일하게 한다.

에칭 Etching 기법

핀과 같은 뾰족한 기구를 이용하여 그림을 그리는 방법을 에칭이라고 한다. 주로 초콜릿 가루나 다양한 시럽을 이용해서 다양한 캐릭터를 만들어낼 수 있는 방법으로, 핸들링 기술이 부족하더라도 다양한 형태의 라떼아트를 만들어낼 수 있다.

어떤 방법이든 커피에 예술을 접목시킨 라떼아트는 많은 사람들에게 커피에 대한 관심을 증폭시킬 수 있는 좋은 아이템으로 자리 잡고 있다.

에스프레소 한 잔을 완벽하게 추출할 수 있는 기술과 다양한 방법을 만들기 위해 노력과 열정을 아끼지 않는 바리스타들과 수준 높은 커피 문화를 원하는 소비자들의 니즈에 의해 완성된 메뉴라 볼 수 있다.

다양한 에칭 메뉴

메뉴 만들기에서의 Key point

- 에스프레소의 농도에 따라 레시피가 결정된다.
- 선택된 잔의 용량에 따라 레시피가 결정된다.
- 커피와 부재료의 맛의 조화가 있어야 한다.
- 신속하게 제조하여 제공되어야 한다.
- 위생적인 면을 고려하면서 제조, 제공되어야 한다(특히 잔 주변).

 ## Hot Menu 7선

Cafe Con Panna 카페 콘파냐

'~위에 올리다'라는 'con'과 생크림의 'panna'가 결합된 합성어로 에스프레소 위에 생크림을 올려 마시는 음료이다. 작은 용량의 데미타세 잔에 제공되므로 기호에 따라 꿀이나 메이플 시럽 등을 가미하면 메뉴의 완성도가 더 높아질 수 있다.

완성된 카페 콘파냐

만드는 방법

① 예열된 데미타세 잔에 에스프레소를 추출한다.
② 휘핑기를 이용하여 에스프레소 위에 잔 벽을 타고 안쪽으로 들어오게 휘핑크림을 올리고, 원두나 견과류, 식용 꽃 등으로 마무리한다(기호에 따라 각종 시럽이나 꿀을 가미하여 즐긴다).

Cafe Macchiato 카페 마키아토

에스프레소에 우유 거품을 가미하여 에스프레소를 부드럽게 즐기는 이탈리안 정통 커피 메뉴이다. 마키아토Macchiato는 '얼룩진', '점을 찍다'라는 의미로 에스프레소의 갈색 크레마와 흰색 우유 거품으로 이러한 모양을 만들어내는 메뉴이다.

카페 마키아토 A

만드는 방법 A

① 우유를 스티밍하여 우유 거품을 만든다.

② 예열된 데미타세 잔에 90% 정도 우유 거품을 스푼으로 떠서 넣는다.

③ 에스프레소 1oz를 우유 거품이 담긴 잔을 대고 추출한다.

카페 마키아토 B

만드는 방법 B

① 예열된 데미타세 잔에 에스프레소 1oz를 추출한다.

② 우유를 스티밍한 후 잘 만들어진 우유 거품만 스푼으로 떠서 에스프레소 위에 올린다(기호에 따라 우유 거품의 양을 조절한다).

카페 마키아토 C

만드는 방법 C

① 예열된 데미타세 잔에 에스프레소 1oz를 추출한다.

② 스티밍된 우유 거품과 크레마를 이용하여 무늬를 만들어준다(라떼아트 푸어링과 핸들링 기법 활용).

Whipping Cappuccino 휘핑 카푸치노

정통 카푸치노를 응용해서 만든 메뉴로 진한 커피의 향미와 달콤함, 그리고 시나몬과 레몬의 상큼한 조화가 좋은 메뉴이다.

만드는 방법

① 약 250cc의 예열된 잔에 에스프레소 1oz를 추출한다.

② 뜨거운 정수물을 60~80cc 정도 부어준다.

③ 휘핑크림을 잔의 바깥쪽에서 안쪽으로 돌리면서 올린다.

④ 시나몬 가루를 휘핑크림 위에 골고루 뿌리고 레몬 즙으로 마무리한다.

60~80cc 물

완성된 휘핑 카푸치노

Cappuccino 카푸치노

에스프레소와 더불어 이탈리아의 대표적인 메뉴이며 가톨릭의 프란체스코파의 수도사의 의복에서 유래되었다. '카푸친'이라고 불리우는 수도사들의 머리에 두른 터번과 의복 색상이 비슷하다고 해서 카푸치노라고 불렸다고 한다.

　우유 거품의 고소함과 부드러운 촉감이 진한 에스프레소를 만나 환상적인 조화를 이루어내는 메뉴이다. 퍼펙트한 카푸치노를 위해선 스팀밀크와 에스프레소 한 잔의 품질이 아주 중요하다. 완성된 카푸치노에는 일정량의 좋은 우유 거품이 풍성하게 자리 잡고 있어야 한다.

만드는 방법 A

① 150~180cc의 예열된 잔에 에스프레소 1oz를 추출한다.

② 동시에 준비된 우유를 200cc 정도 스티밍하여 품질 좋은 우유 거품을 만든다.

③ 추출된 에스프레소 잔에 좌우로 우유 거품을 흔들면서 부어준다. 이때 잔 위로 살짝 올라오게 우유 거품을 부어준다.

만드는 방법 A　　　　　　　　　　완성된 카푸치노 A

만드는 방법 B

① 150~180cc의 예열된 잔에 에스프레소 1oz를 추출한다.

② 동시에 준비된 우유를 200cc 정도 스티밍하여 품질 좋은 우유 거품을 만든다.

③ 스푼으로 우유 거품만 떠서 추출된 에스프레소 위에 올린다(잔의 70~80% 정도).

④ 우유 거품 위에 우유를 부어 잔 위쪽에 1cm 정도 우유 거품이 올라오게 부어준다.

⑤ 기호에 따라 시나몬 가루를 뿌려 즐긴다.

만드는 방법 B   완성된 카푸치노 B

Caramel Macchiato 캐러멜 마키아토

카페 마키아토의 응용 메뉴로서 캐러멜 소스의 달콤함과 커피의 조화가 많은 여성 고객의 입맛을 사로잡은 메뉴이다. 우유 거품의 부드러움과 캐러멜 소스, 그리고 커피의 조화를 통해 더욱 달콤해진 메뉴이다.

만드는 방법

① 약 250cc 정도의 예열된 잔에 에스프레소 1oz를 추출한다.

② 동시에 캐러멜 시럽(소스)을 15~30mL 정도 넣어주어 잘 저어준다.

③ 스팀밀크를 잔에 가득 부어준다.

④ 캐러멜 소스로 장식한다.

만드는 방법

완성된 캐러멜 마키아토

Cafe Mocha 카페모카

싱글 오리진 모카 커피의 초콜릿 향미를 인위적으로 가미해서 만들어낸 메뉴이다.

주로 초콜릿 시럽 또는 소스를 이용해서 달콤함을 강조한 메뉴로 누구나 좋아하는 메뉴이다.

에스프레소 농도와 초콜릿의 양에 따라 단맛을 조절할 수 있다.

만드는 방법 A

① 약 250cc 정도의 예열된 잔에 초콜릿 시럽(소스)을 15~30mL 정도 넣는다.

② 에스프레소 1oz를 추출한 후 잘 저어준다.

③ 스팀밀크를 잔의 90% 정도 부어주고 휘핑크림을 올려준다.

④ 초콜릿 시럽이나 초콜릿 가루, 슬라이스로 마무리한다.

만드는 방법 A   완성된 카페모카 A

만드는 방법 B

우유를 사용한 메뉴보다 좀 더 깔끔하고 깨끗한 커피를 즐길 수 있다.

① 약 250cc 정도의 예열된 잔에 초콜릿 시럽(소스)을 15mL 정도 넣는다.

② 에스프레소 1oz를 추출한 후 잘 저어준다.

③ 뜨거운 정수물을 60~80cc 정도 부어준다.

④ 휘핑크림을 잔의 바깥쪽에서 안쪽으로 돌리면서 올린다.

⑤ 초콜릿 시럽이나 초콜릿 가루, 슬라이스로 마무리한다.

만드는 방법 B

완성된 카페모카 B

Irish 아이리시

1900년대 중반 미국과 유럽을 연결하는 아일랜드의 샤론 국제공항의 레스토랑에서 근무하던 바텐더 Joe Sheridan이 만든 메뉴로서, 10시간이 넘는 긴 여행 동안 추위와 피곤함에 지친 승객들을 위해서 당시 아일랜드에서 가장 인기 있는 아이리시 위스키와 커피를 이용하여 만든 메뉴이다.

만드는 방법

① 예열된 화이트 와인 잔에 추출 된 에스프레소 1oz를 신속히 부어준다(잔은 선택).

② 아이리시 위스키 10mL를 붓고 기호에 따라 설탕시럽 10mL를 넣어준다.

③ 뜨거운 정수물을 60~80cc 정도 부어준다.

④ 휘핑크림을 올려 마무리한다(바 스푼을 이용해서 커피와 혼합되지 않도록 붓기도 한다).

필요한 재료
완성된 아이리시

만드는 방법

 Iced Menu 7선

Iced Americano 아이스 아메리카노 또는 Cafe Freddo 카페 프레도

에스프레소를 얼음을 가득 채운 잔에 부어 커피 고유의 향미를 최대한 살려주는 메뉴이다.
주로 얼음에 에스프레소를 부어준 후 찬 정수물을 부어 만드는 아이스 아메리카노와 셰이킹
Shaking하여 고운 거품이 있는 프레도로 즐기는 갈증 해소 여름 메뉴이다.

만드는 방법 A

① 유리잔에 얼음을 7~8개 정도 담는다.

② 추출한 에스프레소 1oz를 유리잔에 넣는다.

③ 찬 정수물을 100mL 정도 넣고 바 스푼으로 잘 저어준다. 기호에 따라 설탕 시럽을 넣는다.

필요한 재료
완성된 메뉴 A

만드는 방법 B

① 셰이커에 얼음을 7~8개 정도 넣는다.

② 추출한 에스프레소 1oz를 셰이커에 부어준다.

③ 찬 정수물을 100mL 정도 넣고 10초 이상 셰이킹해준다(미세하고 부드러운 조직의 거품
이 생성될 때까지).

④ 준비된 유리잔에 부어준다. 기호에 따라 설탕 시럽을 넣는다.

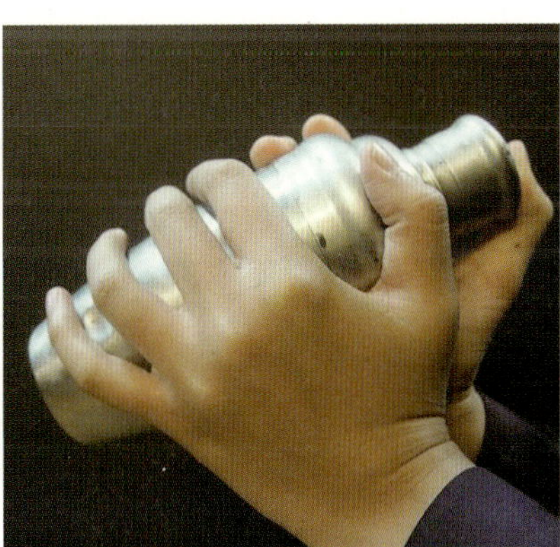

셰이커
셰이커 잡는 방법
완성된 메뉴 B

Iced Cappuccino 아이스 카푸치노

시원하고 부드러운 우유 거품과 커피의 고소함을 시원하게 즐길 수 있는 여름철 대표 메뉴이다.

만드는 방법 A

① 유리잔에 얼음을 가득 채우고(6~7개), 기호에 따라 설탕 시럽 10mL를 넣는다.

② 추출한 에스프레소 1oz를 넣고 잘 저어준다.

③ 냉장 우유 80~90mL를 얼음 면을 따라 조심히 부어준다(커피와 우유의 층 분리).

④ 우유 거품을 만들어 거품만 떠서 올린다(또는 휘핑크림을 2~3바퀴 돌려준다).

　- 우유 거품은 프렌치 프레스기를 활용한다.

⑤ 시나몬 가루를 뿌려 마무리한다.

만드는 방법 B

① 셰이커에 우유 80mL, 에스프레소 1oz , 얼음 6~7개, 설탕시럽 10mL를 넣는다.

② 양손이 차가워서 뜨거워질 정도까지 상하로 흔들어준다(10초 이상).

③ 준비된 유리잔에 부어준다. 이때 거품은 아주 고와야 한다.

④ 시나몬 가루를 뿌려 마무리한다.

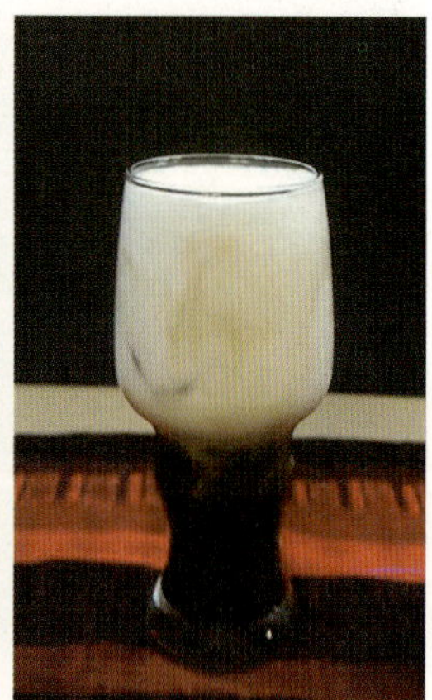

우유 거품 이용 아이스 카푸치노 만드는 방법　　　　　　완성된 메뉴

찬 우유 이용 아이스 카푸치노

셰이킹한 아이스 카푸치노

Iced Cafe Mocha 아이스 카페모카

커피 고유의 향미와 초콜릿의 달콤함, 그리고 시원함까지 동시에 느낄 수 있는 메뉴이다.

만드는 방법 A

① 스티밍용 피처에 초콜릿 시럽(소스) 30mL와 우유 80mL를 넣고 스티밍해준다.

② 유리잔에 얼음을 가득 넣고(7~8개) 추출된 에스프레소 1oz를 넣고 잘 저어준다.

③ 2번에 스티밍된 초콜릿 우유를 넣고 잘 저어 차갑게 해준다.

④ 휘핑크림을 2~3바퀴 돌려 올려준다.

⑤ 초콜릿 시럽 또는 초콜릿 슬라이스로 장식한다.

만드는 방법 B

① 초콜릿 시럽(소스) 15mL+설탕 시럽 15mL를 유리잔에 넣는다(시럽 혼합).

② 얼음(7~8개)을 유리잔에 넣는다.

③ 에스프레소 1oz를 넣은 후 잘 저어준다(이때 잔의 벽에 시럽 등이 묻지 않도록 한다).

④ 냉장 우유 80~90mL를 얼음 면을 따라 조심히 부어준다.

⑤ 휘핑크림을 2~3바퀴 부드럽게 올린다.

⑥ 초콜릿 시럽 또는 초콜릿 슬라이스로 장식한다.

만드는 방법 A   완성된 아이스 카페모카 A

만드는 방법 B   완성된 아이스 카페모카 B

Iced Caramel Macchiato 아이스 캐러멜 마키아토

만드는 방법

① 유리잔에 캐러멜 시럽 15mL+설탕 시럽 15mL를 넣고 얼음을 7~8개 넣어준다.

② 추출된 에스프레소 1oz를 넣은 후 잘 저어준다.

③ 냉장 우유 80~90mL를 얼음 면을 따라 조심히 부어준다.

④ 휘핑크림을 2~3바퀴 돌려 올려준다.

⑤ 캐러멜 소스로 장식한다.

완성된 아이스 캐러멜 마키아토

Iced Cafe Latte 아이스 카페라떼

진한 농도의 에스프레소에 우유를 듬뿍 넣어 시원함과 부드러움을 동시에 느낄 수 있는 메뉴이다.

만드는 방법

① 유리잔에 얼음 7~8개를 넣는다.

② 추출된 에스프레소 1oz를 부어준 후 잘 저어준다.

③ 냉장 우유 100~120mL를 넣는다.

④ 기호에 따라 휘핑크림이나 설탕 시럽을 넣어 즐긴다.

완성된 아이스 카페라떼

Coffee Cocktail 커피 칵테일

진한 에스프레소에 위스키나 리큐어Liqueur 등의 술을 넣어 입안 가득 향미를 즐기는 메뉴이다. 스페셜한 날 스페셜하게 즐겨 보자.

만드는 방법

① 셰이커에 얼음 7~8개, 에스프레소 1oz, 설탕 시럽 10mL, 칼루아Kahlua 10mL를 넣는다.
② 양손이 차가워서 뜨거워질 정도까지 상하로 흔들어준다(10초 이상).
③ 와인잔이나 칵테일잔에 부어 즐긴다.

완성된 커피 칵테일

Affogato 아포가토

에스프레소를 베이스로 만드는 이탈리아에서 만들어진 메뉴이다. 이 스타일은 음료나 후식에 에스프레소를 끼얹는 것을 말한다. 일반적으로 아이스크림에 꿀이나 시럽을 감미해서 에스프레소를 끼얹어 즐긴다.

만드는 방법

① 유리잔이나 도자기잔에 아이스크림을 1~2스쿱 정도 준비한다.
② 꿀이나 각종 시럽 또는 메이플 시럽을 부어준다.
③ 추출된 에스프레소 1~2oz를 부어 즐긴다.

완성된 아포가토

다양한 커피 메뉴

☕ Whipping Cream 만드는 방법

휘핑기 사용 방법

준비물

휘핑기, 휘핑가스, 설탕 시럽 1oz, 바닐라 시럽 1oz, (무가당)생크림 500mL

만드는 방법

① 휘핑기에 차가운 무가당 생크림 500mL를 넣고 준비된 시럽을 넣는다.

　－바닐라 시럽은 생크림의 비릿한 냄새를 줄여준다.

② 휘핑기 뚜껑에 고무 패킹이 있는 지 확인하고 돌려닫는다.

③ 가스 캡에 질소가스를 넣고 휘핑기에 장착시킨다.

④ '치이익, 치이익' 하는 소리가 나면 재빠르게 돌려 잠궈준다.

⑤ 휘핑기를 거꾸로 들고 20회 정도 상하로 흔들어준다.

⑥ 손잡이를 조절하면서 누르면 휘핑크림이 나온다.

　－손잡이를 너무 세게 누르면 커피가 튀어 위험하므로 휘핑기 짜는 연습이 필요하다.

　－손잡이가 앞으로 오도록 잡고 힘 조절을 하면서 짜준다.

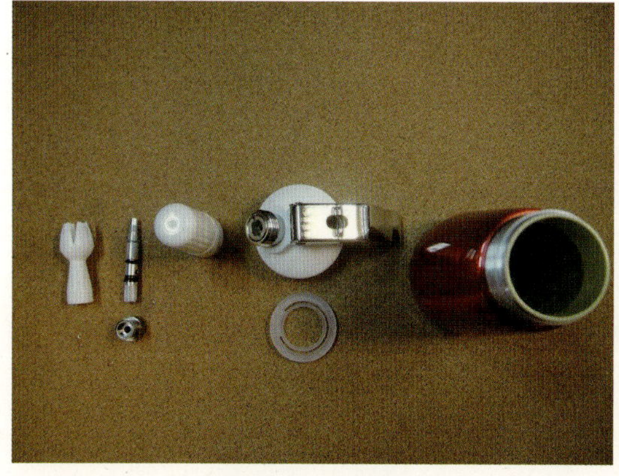

분해된 휘핑기 모습

필요한 도구 및 재료

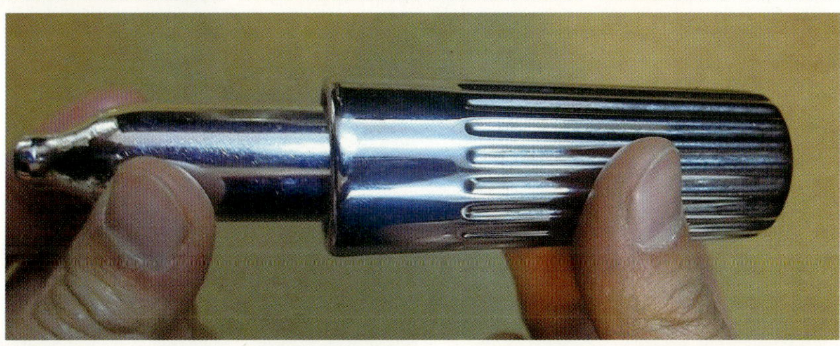

휘핑기 관리 방법

① 휘핑크림을 다 쓰고 휘핑기 분리할 때 주의점

   – 휘핑기 안에 남아 있는 가스를 완전히 분출한 후 분리해야 한다.

② 휘핑기 본체와 헤드 부분을 완전히 분리해서 미지근한 물로 깨끗이 세척해준다.

   – 고무 개스킷, 노즐, 핀에 휘핑크림 잔여물이 없도록 세척해준다(청소 솔 이용).

③ 해체한 역순으로 다시 조립한다.

④ 휘핑크림을 만들기 전 휘핑기는 차가운 상태로 유지되어야 한다(냉장고 보관 및 찬물로 헹굼).

⑤ 휘핑크림을 만든 후 반드시 냉장고에 보관한다.

휘핑기 분리 및 관리 방법

coffee break

설탕 시럽 만드는 방법

• 백설탕 1.5 : 뜨거운 물 1의 비율로 냄비에 넣어 저어주고 한번 팔팔 끓여준다.

• 식힌 후 용기에 넣어 냉장 보관하면서 사용한다.

핸드 믹서기를 이용한 휘핑크림 만드는 방법

핸드 믹서기, 원형 스테인리스통, 생크림 500mL, 가당 연유 2oz, 바닐라 시럽 0.5oz, 아이스크림 스쿱

① 원형 스테인리스통에 준비된 재료를 넣고 핸드 믹서기의 휘퍼가 잠기게 한다(1/3 정도 스테인리스통).

② 핸드 믹서기의 전원을 켜서 가장 강한 회전력으로 생크림의 부피를 2배 정도로 늘려준다.

③ 부피가 증가되고 나면 핸드 믹서기의 회전력을 중간 정도로 낮추어 큰 기포의 생크림을 없애준다.

④ 생크림에 점성이 형성되기 시작하면 가장 낮은 회전력으로 낮추어 기포가 하나도 안 보일 때까지 돌려준다.

⑤ 휘퍼를 높이 들어 아래로 휘핑크림이 방울지게 떨어질 때 종료한다.

⑥ 커피에 올릴 때에는 아이스크림 스쿱으로 떠서 스쿱을 수직에서 시계 반대 방향으로 밀어주면서 휘핑크림을 올려준다.

⑦ 핸드 믹서기로 만든 휘핑크림은 묵직한 밀도를 가지고 있으며, 커피 위에 부드럽게 덮여 있어 마실 때 따뜻한 커피와 동시에 차갑고 부드러운 달콤함을 함께 느낄 수 있다.

필요한 도구 및 재료

부피 증가시키는 모습

완성된 모습

커피 메뉴의 조연

같은 배합비로 추출한 커피라도 커피의 부재료를 얼마만큼 어떻게 섞느냐에 따라 새로운 느낌의 커피를 만들어낼 수 있다.

첨가물은 커피가 가지고 있는 기본적인 강한 맛을 약하게 해주기도 하고, 다양하게 여러 종류의 커피 음료를 만들 수도 있다.

커피 메뉴 첨가물의 종류

- 감미료 : 백설탕, 갈색설탕, 커피 슈거, 각설탕, 과립당, 그레뉼, 시럽
- 유제품 : 우유, 생크림, 휘핑크림, 아이스크림, 버터
- 술 : 위스키, 브랜디, 럼, 리큐어
- 향신료 : 계피, 올스파이스Allspice, 넛맥Nutmeg, 초콜릿, 박하, 오렌지, 레몬 껍질
- 그 외 : 젤라틴Gelatin

등이 있다.

그럼 먼저 대표적 첨가물인 설탕의 종류와 특성 및 응용 방법을 알아보자.

다양한 커피 메뉴 첨가물

감미료

설탕은 다른 맛과 섞여 커피의 쓴맛을 약하게 하고 부드럽게 하는 성질을 가지고 있다.

설탕의 종류가 많고 각각 맛과 향이 다르기 때문에 설탕만큼 커피에서 응용 범위가 넓은 재료도 드물 것이다.

① 설탕의 역사

커피의 발상지인 아라비아 반도에서는 커피에 설탕을 넣지 않고 마셨는데, 유럽에 전해진 커피는 초기에 그 쓴맛 때문에 많은 사람들에게 호감을 주지 못하였다. 당시 유럽에서 설탕은 귀

하고 비싼 것이었기 때문에 일반인은 쉽게 구할 수 없었다.

커피에 설탕을 넣은 관습은 프랑스 루이 14세 시대의 궁정의 여자들에 의해 비롯되었다. 설탕을 넣으면 커피의 쓴맛이 감소될 뿐만 아니라, 카페인과 함께 피로를 회복시키는 기능을 갖고 있어 점차 많은 사람들이 설탕을 이용하게 되었다. 그러나 설탕을 넣지 않고 마실 때 커피의 맛과 향기를 더욱 정확히 느낄 수 있다.

② 설탕의 활용성

• 순수 감미료

설탕은 인류가 발견해낸 최초의 천연 감미 식품으로, 사탕수수나 사탕무에서 추출한 천연 그대로의 '당즙'에서 불순물을 걸러내고 사람들이 이용하기에 편리하도록 상품화한 순수한 자연 식품이다.

자연 속에 분포되어 있는 모든 녹색 식물들이 태양 에너지를 이용하여 설탕을 만드므로 우리가 즐겨먹는 과일이나 채소에도 설탕이 함유되어 있다. 그런데 설탕을 사탕수수나 사탕무에서 뽑아내는 이유는 단위 면적당 다른 작물에 비하여 설탕을 많이 뽑아낼 수 있다는 경제성 때문이다.

설탕은 녹색 식물들이 광합성 작용을 통해 한여름 동안 수고하여 저장한 것을 추출한 것인데, 국제적으로 사카린Saccharin 등의 인공 감미료와 구분하여 천연 감미료로 통용되고 있다.

• 에너지원

설탕은 인체의 성장 및 활동에 필수적인 에너지원으로서 3대 영양소의 하나인 탄수화물의 원천이며 영양학적으로 매우 중요한 식품이다.

설탕은 대부분 수크로오스Sucrose이므로 체내에 흡수되기 쉽고, 흡수된 설탕은 주로 에너지원으로 사용된다. 수크로오스 분자는 포도당과 과당 각 1분자가 결합한 것으로서 체내에서 과당과 포도당으로 분해되고, 또 과당은 최종적으로 포도당이 되어 이용된다.

그러나 과잉 섭취할 경우 탄수화물은 포도당으로 분해되어 에너지원으로 이용되고 나머지는 글리코겐으로 간이나 근육의 세포에 저장되며, 남은 포도당은 중성 지방으로 변하므로 비만의 원인이 될 수 있다.

또 식사 전에 설탕이 많이 함유된 음식물을 섭취하면 혈중 농도가 올라가서 만복감이 들기 때문에 식욕이 떨어진다. 한편 피로가 심할 때 설탕을 섭취하면 급속히 혈액 중에 당분이 보충되어 에너지원으로 작용하기 때문에 원기가 회복된다. 설탕은 1g당 약 4kcal의 에너지를 내므로 보통 커피 한 잔에 넣는 8g 정도 설탕의 양은 30kcal 열량이 된다.

• 유용한 식품

설탕은 강한 탈수성과 보수성이 있어서 요리에 단맛을 줄 뿐만 아니라 물리적 성질도 널리 이용되고 있다.

탈수성을 이용한 것으로는 보존용의 설탕 조림, 설탕 절임, 잼, 양갱 등이 있으며, 또 머랭 Meringue에서는 설탕으로 수분을 빼냄으로써 달걀 흰자로 거품을 낸 후의 기포 붕괴를 방지한다.

달걀 요리에서는 달걀이 단백질 중의 수분이 설탕에 흡수되므로 응고 온도를 높이고 가열했을 때 요리를 부드럽게 해준다. 젤리에서는 콜로이드 액에서 탈수시킴으로써 겔 형성제인 젤라틴, 펙틴의 분리와 망상 조직 형성을 도와 겔 형성을 촉진시키는 등 응용 범위가 매우 넓다.

보수성을 이용한 예로는 찹쌀 등을 원료로 한 과자, 과자, 빵, 케이크 등의 건조 방지가 있다.

그 외에 요리 향료로 이용하는 캐러멜이 있다. 설탕은 물을 넣어 가열하면 부정형 상태로 변하므로 중국 요리의 물엿 조림 등을 만들 수 있다.

③ 설탕의 원료

설탕은 사탕수수, 사탕무 또는 단풍당에서 만들어지는 것으로 정제 방법에 따라 그 형태가 달라진다.

• 사탕무

중심자목 명아주과 두해살이풀이며 사탕수수와 함께 중요한 설탕 원료 작물이다. 지중해 지방이 원산지이며, 사탕수수가 자라지 않는 온대나 조금 추운 지방에서 재배된다. 보통 봄에 씨를 뿌리고 가을 무렵에 수확한다.

• 사탕수수

벼목 벼과의 여러해살이풀이며 높이 2~4m, 지름은 굵은 것이 4cm 이상이고 원산지는 뉴기니이다. 예로부터 열대 태평양의 섬들과 동남아시아에서 재배가 널리 이루어지고, 각지에서 종간 잡종이 생겨나 현재의 재배 사탕수수가 만들어졌으며, 이것이 전 세계 열대 지역에 널리 퍼져 재배하게 되었다고 추정된다. 기업적 플랜테이션으로 대규모 재배되고 교잡에 의해 육성된 품종군이다.

사탕수수는 연평균 기온 20°C 이상이 필요하므로 17~18°C의 등온선이 재배의 한계가 되며, 현재의 재배 분포 지역은 북위 35°에서 남위 37° 사이이다. 또한 연강우량은 1,200~2,000mm 정도가 최적이며 생육 기간에 많이 건조하고 성숙기에는 약간 건조해야 한다. 일반적으로 심은 지 1년에서 1년이 조금 지나면 수확기가 된다.

④ 설탕의 특성

구 분	내 용	용 도
전분의 노화 방지	전분에 설탕을 가하면 전분이 노화하여 건조되는 현상을 막아 음식물 본래의 말랑말랑한 성질을 보존함.	밥, 빵, 떡의 건조 방지
젤리력	과일에 포함된 펙틴이나 유기산이 설탕과 협력하여 수분을 품은 상태로 젤리가 됨.	젤리, 잼, 마멀레이드 제조
지방의 산화 방지	진한 설탕 용액에는 산소가 용해되기 쉽기 때문에 산화를 방지할 수 있음.	과자, 분유 등에 사용
부패 방지	진한 설탕 용액은 삼투압이 높아 방부성을 가지고 있음.	연유, 잼
발효성	설탕은 효모에 의해 발효됨.	과실주, 빵 제조
캐러멜 반응	설탕은 180°C 이상으로 가열하면 포도당과 과당으로 분해되고, 계속 가열 시 점차 갈색으로 변하여 최후에 캐러멜이 된다.	캐러멜 및 과자 제조
조형성	곡분 가공 시 설탕을 섞어 구우면 조형성이 좋아짐.	빵, 과자 제조
거품 유지	생크림과 달걀 흰자로 크림 제조 시 설탕을 가하면 수분을 흡수하여 거품을 잘 일게 하고 거품을 오래 보전할 수 있다.	크림 제조
발향, 발색	설탕은 단백질과 아미노산 반응을 하여 향과 색상을 띠게 함.	
맛의 상승 작용	설탕은 다른 맛과 혼합 시 다른 맛을 완화시키고 감미롭게 하는 작용이 있다.	커피, 생선, 육류 조리 시 설탕 첨가

⑤ 설탕의 제조 과정

설탕을 정제하는 목적은 원당에 섞여 있는 우리 몸에 해로운 불순물을 걸러내어 사람이 먹을 수 있는 좋은 식품을 만들기 위한 것이다.

설탕의 색상이 하얀 것은 정제할 때 사용하는 숯이 불순물을 걸러내면서 색소도 함께 뽑아 버리기 때문이다.

옛날부터 우리 조상들은 간장을 담글 때 숯을 띄워 놓는 방법을 터득하였다. 이는 간장 속에 들어 있는 인체에 해로운 독소와 불순물을 흡착시켜 제거하려는 슬기로운 지혜인 것이다.

이 지혜는 과학이 발달된 오늘날에도 이용되어 제당 공장에서는 설탕을 만들 때 어떠한 화학 약품도 첨가하지 않고, 우리 조상들이 간장을 정제할 때 숯을 사용한 것과 같은 원리로 좋은 품질의 숯(활성탄)을 사용하여 불순물을 제거하고 있는 것이다.

- 정제 공정

  원당(사탕수수의 즙에서 추출한 설탕 원료) → 세당(원당 표면의 불순물을 세척) → 용해 (정제하기 쉽도록 온수로 용해) → 탈색/여과(카본, 수지, 세라믹 소재로 정제)

- 결정 공정

  농축(입자화가 용이하도록 75bx로 농축) → 결정(압력과 열로 끓여서 입자화) → 분리/건 조(설탕 입자만을 분리, 건조하여 공정)

- 포장 공정

  설탕(사용하기 편리하도록 포장) → 가정용, 업소용(용도에 따라 가정용과 업소용으로 포장, 배송)

⑥ 설탕의 종류와 특징

정제 과정 중 처음 만들어지는 건 백설탕이고 그 다음 단계가 흑설탕인데, 당분이 남아 있는 당밀에 계속 열을 가해 농축시킬 때 일어나는 캐러멜화 반응에 의해 설탕의 색은 점점 진해진다. 뿐만 아니라 흑설탕에는 회분 등이 함유되어 있어 특유의 향기를 갖고 있기 때문에 진한 단맛이나 감칠맛을 내고 싶을 때 사용한다.

백설탕은 단맛 그 자체이기 때문에 커피나 홍차 등의 본래 맛을 크게 손상시키지 않는다. 설탕 제품은 형태에 따라 다음과 같이 구분된다.

그래뉼당	백설탕보다 정백도가 더 높은 당으로 백설탕에서 습기를 제거하고 정선, 가공한 것으로 순도가 가장 높으며 청량 음료용으로 사용한다.
백설탕	가장 많이 사용하는 설탕이며 입자가 작은 고순도의 설탕으로 순수한 단맛을 느낄 수 있다.
삼온당(흑설탕)	백설탕을 생산하고 난 후에 생산되는 것으로 갈색이나 흑갈색이 난다. 독특하고 삼온당만의 특유한 풍미를 가지고 있어 전화당과 염분, 미네랄이 풍부(순도 95.4%)
각설탕	순백의 차당에 무색 투명한 농도 진한 당액을 더해서 압축, 건조한 설탕
시럽	액상으로 만들어 놓은 설탕으로 아이스 커피에 사용한다.
커피 슈거	커피 전용 설탕으로 알갱이가 가장 크고 캐러멜 색소가 많아 진한 갈색을 띠고 있다. 입자가 크기 때문에 커피에 넣으면 서서히 녹아서 마시는 도중에 단맛이 점점 강해지는 변화를 느낄 수 있다.
벌꿀	꿀벌이 꽃에서 모아온 꿀을 혼합하여 제거, 정제한 감미료

유제품

설탕과 함께 커피에 가장 많이 쓰이는 부재료로는 유제품을 들 수 있다.

① 특　징

설탕이 커피의 쓴맛을 약하게 한다면, 유제품은 커피의 신맛을 줄이고 고소한 맛을 살리는 첨가물이다.

② 종　류

주로 사용되는 것으로는 우유와 생크림, 휘핑크림, 크리머 등이 있다.

• 우　유

우유의 평균 조성은 수분 87%, 단백질 3.5%, 지방 3.7%, 탄수화물 4.9%, 그리고 회분이 0.7% 정도 함유되어 있다. 이 가운데 지방 함유량은 계절이나 사료에 의해 그 변화가 크다.

우유의 주 단백질은 카제인으로 이것을 효소로 응고시켜 발효한 것이 치즈이다. 유지방에는 저급 지방산이 많이 함유되어 다른 동물성 지방에 비해 녹는 온도가 낮고 부드러운 느낌을 준다.

함유된 탄수화물인 유당은 단맛을 내며 우유 단백질, 지방 등과 함께 입안의 촉감을 좋게 한다. 신선한 우유의 향기는 아세톤, 메틸케톤류, 아세트알데히드, 디 메틸설파이드, 락톤, 저급지방산 등에서 기인한다.

우유를 이용한 커피 메뉴 중 대표적인 것이 카페오레(프랑스), 카페라떼(이탈리아)이다. 이것은 밀크 커피를 의미하는 것으로 모닝 커피, 아메리칸 커피 등 여러 가지로 이용할 수 있다. 우유만을 사용하면 너무 묽을 수가 있어 먼저 따뜻한 우유에 크림을 섞어 사용하면 더 진한 커피를 맛볼 수 있다.

•크 림

우유에서 유지방을 분리해낸 것을 크림이라고 하며, 버터, 과자, 케이크, 아이스크림 등에 사용한다.

크림은 지방 함량의 차이에 의해 저지방 크림과 고지방 크림으로 나뉜다. 저지방 크림은 지방 함량이 30~35%이고, 고지방 크림은 40~50% 정도이다. 한편 커피에서 사용하는 크림은 유지방, 식물성 지방을 혼합하여 놓은 것이 있다.

크림의 종류

동물성 크림	신선한 생크림으로 만들어져 쓴맛에 강하므로 진한 커피에 적당함.
식물성 크림	식물성 지방으로 만들어져 풍미가 아주 부드러워 깔끔한 맛의 커피에 적당함.
동물성+식물성	생크림을 베이스로 한 식물성 지방 등을 가미한 것으로 어떤 커피와도 잘 어울림.
생크림	생우유에서 분리한 크림만을 균질하게 한 것, 신선함이 특징임.
분말 크림	생우유에서 분리한 크림만을 균질하게 모아 분말 상태로 만든 것, 식물성도 있음.
연유	달콤한 디저트 감각의 커피 메뉴에 적당함.

버 터

추운 겨울날 버터를 넣은 뜨겁고 진한 커피는 새로운 맛을 느끼게 한다. 커피의 원산지인 에티오피아에서는 소금과 버터를 맛보면서 커피를 마시는 풍습이 있다. 버터를 넣는 커피는 프렌치 정도로 강하게 볶은 것을 사용한다.

술(리큐어 Liqueur)

커피에 술을 첨가하는 것은 맛과 향기를 다양하게 즐기기 위함이다. 즐기는 대상이 커피일 경우 첨가되는 술의 양이 지나치게 많아 커피 맛보다 강하지 않게 하는 것이 좋다. 경우에 따라 그 반대로 하여 술에 커피를 약간 가미해서 칵테일 형태로 즐길 수도 있다.

주로 사용되는 술로는 위스키가 있다. 위스키는 맥아를 발효시켜 술을 만든 후 이것을 증류시켜 만든 술이다. 맥아를 나무통에 숙성시키기 때문에 위스키는 스코틀랜드와 아일랜드, 그리고 미국, 캐나다 등에서 많이 생산되고 있다. 스코틀랜드와 아일랜드의 스카치 위스키와 아이리시 위스키가 최고급품으로 알려져 있다.

아메리카 위스키의 대표적인 것은 버번 위스키이다. 아이리시 커피는 커피에 위스키의 향취가 은은히 퍼지는 것으로 유명한데 재미난 일화가 있다. 비행기가 지금처럼 비행 시간이 길지 못하던 시절, 유럽 대륙을 떠나 미국으로 가던 사람들의 비행기가 급유를 위해 아일랜드의 더블린 공항에서 쉬어가지 않으면 안 되었다. 북해에서 불어오는 차가운 바람과 안개는 여행객의 마음을 얼어붙게 하였다.

이때 한 잔의 뜨거운 커피에 아일랜드산 위스키를 탄 커피는 사람들의 얼어붙은 몸과 마음을 훈훈하게 해줄 수 있었다. 이렇게 하여 위스키를 넣은 커피는 '아이리시'라는 이름으로 세계 많은 사람들에게 사랑받게 되었다. 이밖에도 브랜디나 럼주를 이용하기도 한다.

브랜디 Blandy 는 여러 가지 과일을 가지고 과일주를 만든 후 이것을 증류하여 만든 술이다. 주로 포도, 사과 등이 많이 이용된다.

코냐크 Cognac 는 브랜디에 속하는 술로 포도주를 증류하여 만든다. 프랑스의 코냐크 지방은 매우 더운 곳으로 태양의 일조량이 많기 때문에 매우 품질이 좋은 포도를 생산하고 있다. 이곳에서 재배된 포도주를 증류하여 만든 술에 특별히 '코냐크'라는 이름을 붙이고 있다.

럼주 Rum 는 카리브 연안 국가에서 생산되는 사탕수수의 당밀을 발효시켜 만든 술로 칵테일용으로 많이 이용된다.

한편 향기로운 술인 리큐어가 많이 있다. 커피 리큐어, 카카오 리큐어, 페퍼민트 리큐어, 오렌지 리큐어, 심지어는 말젖이나 양젖을 이용하여 만든 리큐어도 있다. 리큐어는 사용된 재료에 따라서 그 향기가 달라 커피에 적당히 사용하면 개성이 강한 커피를 다양하게 즐길 수 있다.

향신료

향신료란 향미를 부여하는 데 쓰이는 식물의 꽃, 열매, 싹, 나무 껍질, 뿌리, 잎 등을 말한다. 이밖에도 소화 기관을 자극하여 소화를 증진시키고 방부 작용을 하며 약리 작용을 갖는 것도 많다. 식품에 향신료를 적절히 사용했을 때 맛과 향기를 더해줄 수 있듯이 커피나 홍차에도 향신료를 쓸 수 있다. 그러나 어디까지나 커피를 주재료로 해야 한다.

주로 사용되는 향신료에는 계피, 올스파이스, 넛맥, 박하, 생강 등이 있다.

초콜릿

초콜릿은 열대 아메리카가 원산지인 카카오 나무의 열매에서 추출한 코코아와 카카오 버터, 설탕, 유제품 등을 가지고 만든다.

주로 코코아 분말, 초콜릿 시럽은 음료에 섞어쓰며, 초콜릿은 얇게 슬라이스하여 카페모카라는 음료를 만들 수 있다.

아이스크림

커피에 넣는 아이스크림으로는 바닐라 아이스크림이 가장 적당하다. 향과 맛이 강하지 않아 커피와의 조화가 좋다.

젤라틴

젤라틴Gelatin은 동물의 연골 조직 성분인 콜라겐이 열에 의해 변성된 것이다. 동물성 단백질이기 때문에 처리 과정이 잘못되었을 경우에는 냄새가 날 수 있어 주의해야 한다.

주로 커피 젤리를 만드는 데 이용되며 종류로는 판상과 분말이 있다. 젤라틴을 녹일 때는 중탕을 이용한다.

(2) 핸드드립 Hand drip

간단한 도구만 있으면 언제 어디서든 커피를 추출할 수 있는 방법이지만 여느 방법보다 섬세함이 필요하며, 최상의 향미를 만들어내기 위해선 많은 훈련과 노력이 필요하다.

핸드드립 방식은 커피를 분쇄하여 여과지나 천을 통해 커피와 추출액을 완전히 분리시켜 추출하는 방식이다. 여과된 커피는 깨끗하고 깔끔한 향미를 느낄 수 있으며, 추출하는 사람마다 방식이 다를 수 있어 손맛에 의해 커피의 향미가 달라질 수 있다. 개성 넘치는 커피도 좋지만 맛있는 커피를 만들기 위해 필요한 요소를 먼저 살펴보기로 하자.

① 핸드드립에 필요한 도구

드립포트 Drip pot

핸드드립 전용 물 주전자를 말하며 일반 주전자와는 형태가 약간 다르다. 물 배출구는 S자형의 좁고 긴 형태로 물줄기를 가늘게 조절할 수 있도록 해주며, 배출구가 주전자 본체 하단에 위치하고 있다. 드립포트를 선택할 때는 다음을 고려해서 구입하도록 한다.

명 칭	용 도
손잡이	• 개인의 손 사이즈에 맞는 편리한 것 선택함.
용량	• 일정 시간 물줄기를 안정적으로 조절할 수 있도록 팔 힘을 고려해서 선택함. • 평소 추출하는 양에 따라 선택함.
재질	• 동 : 보온성, 장식 효과 좋으나 녹이 슬 우려가 있음. • 스테인리스 : 가격 저렴, 외관 깨끗함.

스테인리스 주전자

동 주전자

에나멜 주전자

다양한 주전자

물줄기 조절을 용이하게 해주는
S자형 물 배출구 모양

드리퍼Dripper

같은 커피라 해도 드리퍼의 종류에 따라 커피의 맛을 다르게 느낄 수 있으므로, 드리퍼의 형태와 특성을 충분히 이해하고 추출해야 맛있는 커피를 만들 수 있다.

형태에 따른 분류

명 칭	특 징	형 태	사이즈
멜리타 Melitta	• 추출구가 1개 • 리브의 경사가 가파르다. • 리브의 형태가 비대칭 • 풍성한 여운을 느낄 수 있음.		1×1(1~2인용) 1×2(2~4인용) 1×4(4~8인용)
칼리타 Kalita	• 추출구가 3개 • 리브의 경사가 완만 • 리브의 형태가 대칭 • 깔끔하고 커피의 특성을 느낄 수 있음.		101(1~2인용) 102(2~4인용) 103(3~7인용)
고노 Kono	• 추출구가 1개, 원추형 • 리브가 드리퍼의 중간까지만 있음. • 융에 가까운 커피 맛을 느낄 수 있음.		MD21(1~2인용) MD41(3~4인용)
하리오 Hario	• 고노와 비슷하나, 리브가 나선형으로 드리퍼 윗선까지 있음.		01(1~2인용) 02(2~4인용)
융	• 넬 드립 • 커피의 오일 성분과 불용성 고형 성분 통과 용이함. • 농밀함 좋음. • 여과법의 제왕		

• 리브Rib의 역할 : 드리퍼 내부의 요철, 공기의 흐름을 원활히 해주며, 물의 통과에 관여
한다.

재질에 따른 분류

재 질	특 성
플라스틱	• 관리가 편리, 가격 저렴, 물이 통과되는 과정을 관찰할 수 있음. • 보온성이 좋지 않고 장기간 사용 시 형태가 변형되거나, 흠이 생길 수 있음.
도기	• 무게감이 있어 안정감이 있고 보온성이 뛰어나다. • 추출 직전 반드시 예열해야 한다. • 관리가 까다롭고, 파손의 위험이 있다.
금속	• 가격이 고가이며 보온성이 좋지 않다. • 동이나 스테인리스 스틸 재질 • 장식 효과

도기 드리퍼

여과지(페이퍼)

커피와 추출액을 걸러주는 역할을 하며 일반적으로 천연 펄프와 표백된 여과지가 있다.

천연 펄프 여과지는 펄프의 냄새가 날 수 있으며 갈색이고, 표백된 여과지는 흰색이다. 여과
지는 일회용으로 페이퍼 드립 시 간편하게 커피를 추출할 수 있고, 공기와의 접촉으로 이취가
날 수 있으니 밀봉하여 보관하고 추출 직전 접어 사용한다.

여과지 접는 방법은 먼저 옆면을 안으로 접고 아랫면을 뒤쪽으로 접는다. 면의 교차 지점을
잡고 드리퍼 형태에 맞게 접힌 면을 펴주고 드리퍼에 밀착시켜 세팅한다.

다양한 여과지

 ## 사진으로 보는 여과지(페이퍼) 접는 방법

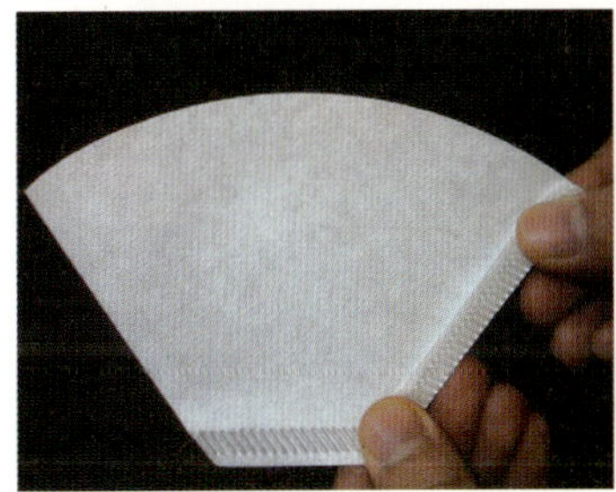

옆면 접이

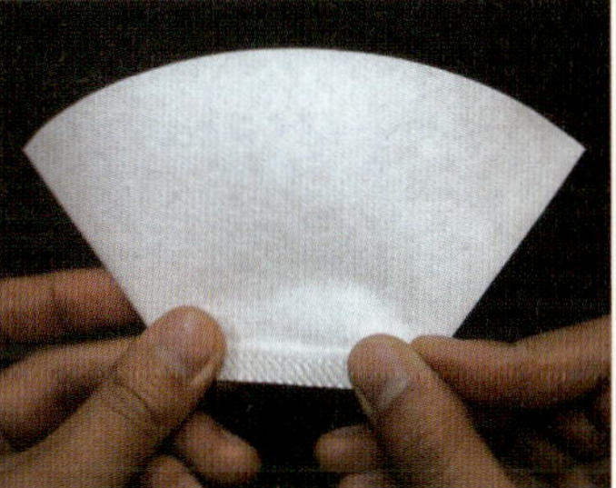

아랫면 접이

접힌 면 펴주기

기타 핸드드립에 필요한 도구

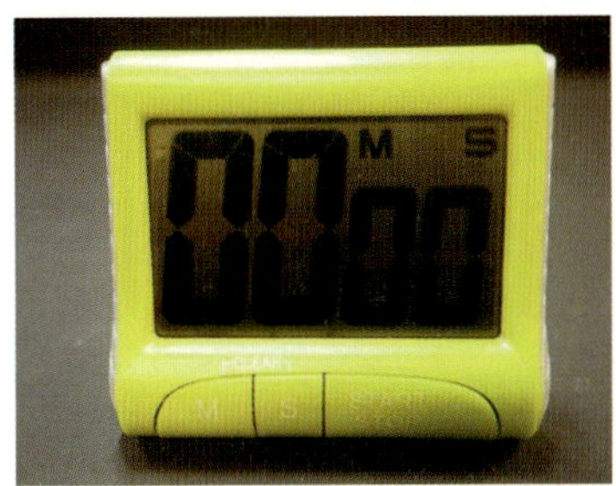

타이머

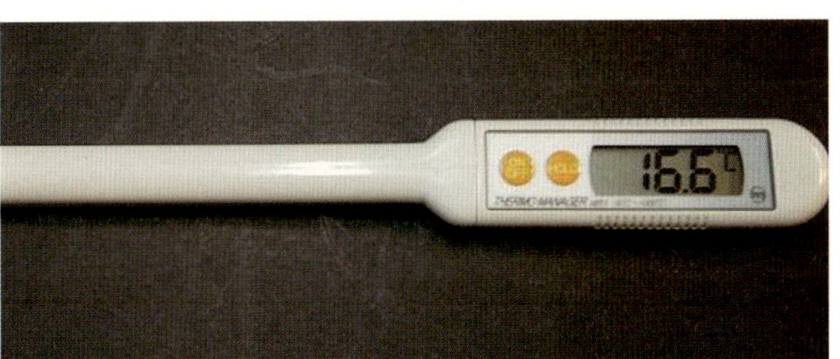

온도계

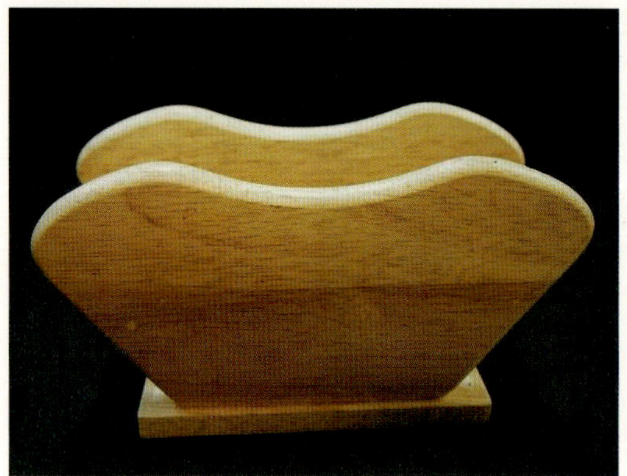

페이퍼 보관통

서버

계량 스푼

핸드밀

② 핸드드립 추출 방법

뜸 들이기 – 적심

적심은 분쇄된 커피 파우더에 소량의 물을 부어 향미 성분이 추출될 수 있도록 준비하는 과정으로, 커피 파우더에 골고루 물이 퍼질 수 있도록 물을 부어주는 것이 중요하다. 이때 드리퍼 아래로 한두 방울 정도의 추출액이 떨어질 수 있도록 물의 양을 조절해야 하며, 한쪽으로 치우침 없이 물이 퍼지게 한다.

본격적인 커피 성분이 추출되는 과정도 중요하지만 커피의 깊은 향미와 잡미가 없는 커피를 즐기고 싶다면 이 과정을 좀 더 신경 써야 할 것이다.

물을 붓는 방법은 다양하지만 커피 파우더에 물을 고르게 부어주려면 중앙에서부터 바깥 방향으로 물줄기를 섬세하게 나선형 방향으로 돌려주길 권한다.

> **뜸 들이기할 때 주의해야 할 점**
>
> - 주입되는 물의 양이 적을 경우 : 커피 파우더에 물이 골고루 퍼지지 않아 물과 만나는 시간이 길어질 수 있어 텁텁하거나 잡미가 많은 커피가 추출될 수 있다.
> - 주입되는 물의 양이 많을 경우 : 커피 파우더 층을 물이 빠른 속도로 통과하면서 커피 성분이 충분히 추출될 수 없다. 이로 인해 커피 향미가 덜 추출되어 커피가 싱거워질 수 있다.
> - 물을 부을 때 페이퍼에 물이 닿지 않도록 부어준다 : 핸드드립 시 주입되는 물이 페이퍼에 닿게 되면 커피 파우더에 고르게 물이 퍼지는 것을 방해하면서 페이퍼를 타고 물만 추출될 수 있다. 페이퍼에서 약간 안쪽까지 물을 부어준다.

추 출

본격적으로 커피가 가지고 있는 향미 성분 중에서 좋은 맛과 향을 내는 성분들을 뽑아내는 중요한 과정이다.

선택되는 드리퍼나 추출자에 의해 다양한 방법으로 추출할 수 있으나, 준비되는 커피의 특성을 제대로 뽑아내기 위해선 앞서 살펴본 추출 조건을 충분히 고려하여 추출 계획을 잡아야 할 것이다.

🏺 좋은 향미를 추출하기 위해 반드시 고려해야 할 점

- 주입되는 물줄기의 굵기는 가늘고 일정한 속도를 유지한다.
- 물을 부어줄 때 끊기지 않도록 한다.
- 드리퍼에 담긴 커피 파우더는 평평하게 해준다(물이 균일하게 퍼질 수 있도록 한다).
- 물이 떨어지는 높이는 적당해야 떨어질 때 커피 파우더에 자극을 적게 준다(5~8cm 정도).
- 물과 커피 파우더의 과도한 뒤섞임은 좋지 않은 맛을 내게 하므로, 커피 파우더의 뒤섞임이 일어나지 않도록 물을 부어준다.
- 추출 후 드리퍼 속의 커피 파우더가 완만하게 꺼진 형태로 유지되는 것이 좋다.
- 추출 초반에 커피 성분이 가장 많이 추출되므로, 섬세한 물줄기로 충분히 성분을 추출한다.
- 추출 중·후반에서의 섬세한 물줄기 조절은 오히려 좋지 않은 성분을 만들어낼 수 있다.
- 주입되는 물은 커피 파우더 층과 수직이 되도록 부어준다.

5~8cm 높이

90° 각도

70% 물의 양

🏺 페이퍼 드립의 정성스러운 추출 방법

커피의 추출 방법은 추출자에 따라, 추구하는 맛에 따라 다양한 방법을 만들어낼 수 있다. 어느 방법이 좋다라고 한마디로 정의 내리기엔 다소 무리가 있어 일반적으로 추출 조건을 적용한 방법을 제시하고자 한다. 다시 한번 강조하지만 다양한 방법에 대해서 각자의 의견이 있기 때문에 모두 존중하며, 통상적인 추출 방법에 대해 말하고자 한다.

준비 과정

① 신선한 정수물을 끓인다.

② 준비된 물로 드리퍼와 잔을 예열한 후 마른 행주로 드리퍼를 완전히 닦아준다(신속히).

③ 한 잔 분량 10~13g 정도의 커피를 분쇄해서 페이퍼에 담는다(이때 실버스킨은 제거해준다).

④ 커피 파우더를 평평하게 고르고 물의 온도가 90~92℃ 정도가 되면(물의 온도는 로스팅 정도에 따라 결정) 주전자에 70% 이상 담는다(주전자 물의 양이 적으면 일정한 굵기로 물을 부어줄 때 끊길 수 있다. 만약 주전자가 무거울 시 적은 용량의 주전자를 선택하는 것이 좋다).

뜸 들이기 과정

⑤ 주전자의 물을 커피 파우더 중앙 부분에 조심히 부어 2~3초 정도 물줄기를 조절한 후 2~3바퀴 정도 천천히 돌려 부어준다(나선형 드리퍼 아래로 한두 방울 떨어질 정도).

추출 과정

⑥ 커피 파우더 층이 부풀어 오르다 정점에 멈추게 한 다음 물 붓기를 시작한다. 이때 7~9회 정도 일정한 굵기와 속도로 중앙에서 바깥 방향으로 천천히 부어준다. 30~40초 정도 소요되도록 한다.

이 단계에서 가장 많은 커피 성분이 나오므로 좀 더 물줄기를 가늘게 조절해서 커피 성분이 충분히 추출될 수 있도록 한다.

⑦ 부풀어 오른 커피 층이 다시 수평이 되면 2회차 물 붓기를 한다. 이때 5~6회 정도, 20~30초 정도 소요되도록 한다.

붓는 물의 굵기가 굵으면 2회차 정도에서 종료하고, 가늘면 3회차까지 추출을 진행한다.

⑧ 약 150cc 정도 추출한 후 종료한다.

뜸 들이기

1차 추출 − 최종 수위 결정

2차 추출 − 1차 물 수위를 넘지 않도록, 즉 뒤섞임 없이 물 붓기

3차 추출 – 물줄기가 굵은 경우 생략해도 무방, 2차 추출과 같이 뒤섞임 없이 물 붓기

올바른 핸드드립 자세 TOP 10

① 다리는 어깨 너비로 벌린 후 오른발은 반 발짝 뒤로 빼준다. 이때 정면에서 볼 때 어깨 라인이 일직선이 되면 몸의 무리가 적다.

좋은 자세

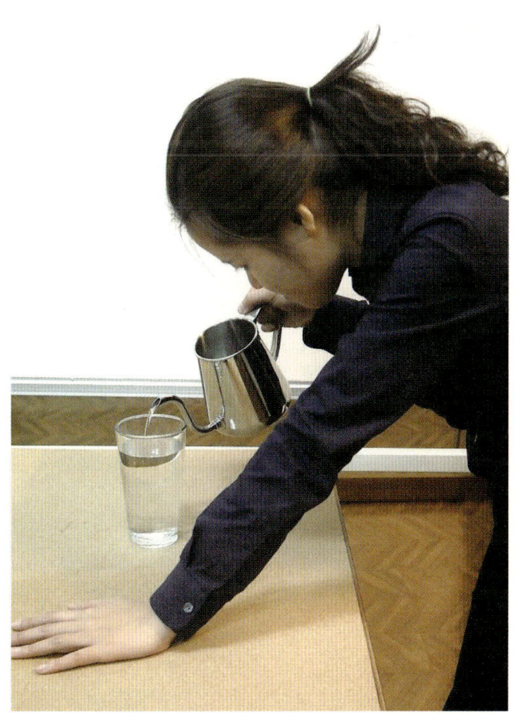

좋지 않은 자세

② 팔은 몸통에서 주먹 하나 들어갈 정도로 벌리고 몸을 스치듯 뒤쪽으로 빼준다.

③ 드립포트와 팔(엄지)이 일직선이 되도록 잡아주고, 다른 한 손은 테이블에 자연스럽게 둔다.

④ 어깨 축을 중심으로 스윙을 하고, 이때 몸이 움직이지 않도록 한다.

⑤ 허리에서 목까지 자연스럽게 아래를 보고 선다. 이때 허리를 너무 굽히는 자세는 몸에 무리를 줄 수 있다.

⑥ 도구와 몸의 위치는 30cm 정도 거리를 준다.

⑦ 편안한 신발을 착용한다.

⑧ 드립 시 집중력을 높이기 위해 주변을 정리한다.

⑨ 커피 파우더의 물이 떨어지는 곳에 시선을 준다.

⑩ 정성과 긍정적인 마인드로 추출에 임한다.

융 드립

융 드립은 페이퍼 드립과는 다른 커피의 향미를 즐길 수 있다. 페이퍼 드립은 커피의 오일 성분이나 불용성 고형 성분들이 페이퍼에 흡착되어 깔끔하고 깨끗한 맛을 느낄 수 있으나, 융 드립은 이러한 성분들이 통과되어 농도와 질감이 풍부한 커피를 즐기기에 적당하다. 즉, 바디가 풍부한 커피를 만들 수 있다.

융 드립은 '넬Nel 드립'이라고도 부르고, 천의 특성상 커피의 팽창이 자유로워 물과 만나는 추출 시간을 조절하면 더욱 진하고 부드러운 풍미를 가진 커피를 만들어낸다.

융 드립은 추출 과정도 중요하지만 융 관리도 좋은 맛을 만들어내는 데 중요한 요소이다.

융 추출 방법

① 처음 사용하는 융은 끓는 물에 팔팔 끓여 천의 냄새를 제거한 후 사용한다.

② 융은 추출 후 끓는 물에 10~20분 정도 끓여 융에 흡착되어 있는 커피 성분을 충분히 빼준다.

③ 세척 후 융 보관은 찬 정수물에 담궈 공기와 접촉을 피해 밀폐통에 넣어 냉장 보관해준다. 다시 사용할 때는 뜨거운 정수물에 담궈 예열하고, 마른 행주로 물기를 충분히 제거한 후 사용한다(융을 비틀지 말고 행주로 톡톡 눌러 물기를 제거해준다. 융모가 꼬이면 물 흐

름을 방해할 수 있다).

④ 세척한 후에도 융에서 이취가 난다면 교체해야 한다.

⑤ 융은 양면이 다른데 한쪽에 기모가 있다. 기모가 안쪽으로 오게 한 다음 추출하면 뭉쳐진 기모가 추출 시간을 지연시켜 좀 더 진한 커피를 추출할 수 있고, 기모 반대 방향으로 오게 해서 커피를 추출하면 좀 더 추출 시간이 빨라질 수 있다.

　융모의 방향은 추출하고자 하는 맛의 경향성에 따라 다르게 세팅해서 추출할 수 있다. 어떤 방향이든 사용하는 원두의 특성 및 추출자의 스타일에 따라 결정해서 추출해야 한다.

⑥ 융 추출에 사용하는 커피의 양은 융 높이의 60% 정도가 적당하며, 커피 성분을 충분히 추출하기 위해서 뜸 들이기 과정에서 점적 추출 방법으로 추출하기도 한다.

사진으로 보는 융 추출 방법

점적 추출 방법

융이나 고노 드리퍼를 이용하여 추출하거나, 진하고 깊은 풍미를 추출하고 싶을 때 주로 이 방법을 활용하면 원하는 맛을 얻을 수 있다.

하지만 물과 접촉되는 시간이 길어지면서 추출 수율이 높아 자극적이고 날카로운 맛이 날 수 있으므로, 섬세한 물의 조절을 위해 무한한 노력이 필요할 것이다.

점적 추출 방법

잔 수 증가시키는 방법

1. 추출물량을 조절하는 방법

분 량	커피의 양	추출물량
1인분	10~13g	130~150cc
2인분	한 잔 분량 + 6~8g	250~300cc
3인분	두 잔 분량 + 6~8g	400~450cc

2. 진하게 추출해서 물을 첨가하는 방법

분 량	커피의 양	추출 시간
1인분	10~13g	2분 정도
2인분	한 잔 분량 + 6~8g	한 잔 시간 + 30초
3인분	두 잔 분량 + 6~8g	두 잔 시간 + 30초

클레버 드리퍼 Clever dripper

- 침지식 드립 방식으로 하단 부분에 차단 장치가 있어, 커피의 향과 맛을 자유자재로 연출할 수 있는 기구이다.
- 클레버 드리퍼는 컵 위에 얹었을 때에만 커피가 아래로 추출된다.
- 물줄기의 섬세한 기술이 없어도 초보자도 손쉽게 깊은 향미의 커피를 즐길 수 있다.

클레버 드리퍼

(3) 워터드립 Water drip

저온 추출 방법으로 불리는 이 방식은 네덜란드 상인에 의해 개발된 추출 방식이고, 이들에 의해 만들어진 기구라고 해서 일반적으로 '더치Dutch 커피'로 부른다.

뜨거운 물로 추출되는 다른 방법과는 달리 차가운 물을 사용하므로, 뜨거운 물에서 추출되는 커피에선 느껴볼 수 없는 독특한 맛과 향이 있다.

또한 커피의 카페인이 다른 추출 방법보다 적다고 한다. 그 이유는 카페인이 용해되는 온도는 70℃ 이상 온도인데, 저온의 추출 방법이기 때문에 카페인이 적게 추출된다고 보기 때문이다. 하지만 연구된 데이터가 아직 없는 상태라 정확한 데이터 연구가 필요하다고 생각된다.

워터드립은 저온으로 커피를 추출하기 때문에 향미 성분이 적게 추출될 수 있으므로, 좀 더 진하고 감칠맛 나는 커피를 위해 통상적으로 강배전된 에스프레소용 커피를 사용하고, 에스프레소 분쇄도 정도의 굵기로 사용한다. 추출 시간은 원하는 농도, 배전도, 분쇄도에 따라 다르지만 일반적으로 6~12시간 정도 걸린다.

물과의 비율은 커피 100g에 찬 정수물 1,000cc를 10초에 6~10방울 떨어뜨려 사용하는 것이 보통이나, 원하는 농도에 따라 커피의 양을 더 사용해도 무관하다.

워터드립의 구조

❶ 수조 : 찬 정수 물을 담는 곳
❷ 조절 코크 : 물의 양을 조절하는 곳
　여과기 : 분쇄된 커피를 담는 곳
❸ 플라스크 : 커피 추출액을 받는 곳

워터드립 추출 방법

① 여과기에 페이퍼(또는 융 필터)를 세팅한다(페이퍼는 밀착을 위해 물에 적셔 행주로 물기를 제거해 준다).

② 여과기에 에스프레소 분쇄도 정도 커피를 100g 정도 담고 평평하게 고른 다음 탬핑을 해 준다. 너무 약한 힘으로 탬핑하면 커피 층이 분리되는 현상이 발생될 수 있다. 다져주는 힘에 따라 커피 맛의 변화가 많으므로, 커피 층 위아래의 다져진 상태가 같게 강하게 다진다.

③ 커피 층 위에 페이퍼를 1장 올리고 거치대에 세
   팅한다. 위에 올린 페이퍼는 물이 고르게 퍼질 수
   있는 역할을 해준다.

④ 수조에 1,000cc 정도의 찬 정수물을 담고 조절 코
   크를 10초에 6~10방울 정도로 세팅해준다.

⑤ 조절 코크에 공기 층이 생성되면 물이 떨어지는
   시간이 지연될 수 있으므로, 수시로 물이 떨어지
   는 것을 확인해준다. 또는 처음 2~3초 정도 완전
   하게 열었다가 조절하는 것도 방법이다.

⑥ 추출이 끝난 커피는 용기에 담아 냉장 보관해야
   1주일 이상 안정된 맛을 유지한다. 워터드립 커피
   는 그냥 음용해도 좋고 너무 진하면 찬물에 농도를 맞추어 마셔도 좋다. 주로 아이스 커
   피로 즐기지만 뜨거운 물을 첨가해서 더치 아메리카노로 즐겨도 좋다.

가정용 더치 기구

coffee break

더치 아이스 커피

① 유리잔에 얼음을 가득 담고 추출된 원액을 30mL 정도 넣는다.
② 찬 정수물을 기호에 맞게 첨가하고 기호에 따라 설탕 시럽을 곁들어 즐긴다.

더치 아메리카노

① 예열된 잔에 추출된 원액을 30mL 정도 넣는다.
② 팔팔 끓인 정수물을 기호에 따라 첨가해서 즐긴다(워터드립은 커피 온도가 낮기 때문에 부어
   주는 물의 온도를 뜨겁게 해준다).

커피 젤리

① 한천이나 가루 젤라틴 10~20g을 중탕으로 녹여준다.
② 더치 커피 500mL에 녹인 한천, 설탕 시럽 30mL, 리큐어 10mL 정도 넣고 잘 저어준다.
③ 거름망으로 혼합 용액을 걸러 밀폐통에 담아 냉장고에 2~3시간 정도 굳힌다.

홈 카페 커피

거리마다 커피 전문점이 한집 건너 자리 잡은 지 벌써 오래되었고, 생활 속 깊숙이 자리 잡고 있는 커피는 이미 장소에 대한 경계를 허물고 있다.

커피 전문점에 프로 바리스타가 있다면 가정에는 홈 바리스타라고 자칭하는 사람들이 있다. 이들의 커피에 대한 욕구는 프로 못지 않다.

온라인, 동호회, 전문 교육 기관 등을 통해 넘치는 커피 정보들이 쏟아져 나오고 있어 마음만 먹으면 누구나 쉽게 커피를 접할 수 있다.

커피 전문점에서 즐길 수 있는 카페 메뉴들은 재료의 특징과 커피의 추출 방법만 익힌다면 쉽게 응용이 가능하다.

그럼 홈 카페, 홈 바리스타들이 쉽게 활용할 수 있는 추출 방법을 살펴보자.

(1) 모카포트 Mocha pot

모카포트는 간단한 사용 방법과 저렴한 가격대로 손쉽게 에스프레소를 즐길 수 있는 도구이다. 주로 이탈리아 가정에서 사용되고, 스토브탑 Stovetop이라고도 불리운다.

에스프레소 머신이 8~10기압의 추출 압력에 의해 밀도 있는 크레마 층을 형성시키는 반면, 모카포트는 적용하는 압력이 적어 크레마 층이 형성되기는 하나 금방 사라진다. 하지만 농도 있는 커피를 추출하기에 적합하며, 우유나 시럽, 휘핑크림을 이용하여 다양하게 카페 메뉴를 만들어낼 수 있다.

모카포트는 상부 추출 노즐이 있는 포트와 커피를 담는 필터 바스켓, 그리고 물을 넣는 하부 포트로 구성되어 있다. 하부 포트는 추출 시 과도한 압력을 방지하기 위해 압력 안전 밸브가 달려 있다. 일반적으로 강배전된 커피를 사용하고 에스프레소 머신보다 조금 굵으나 드립용보다 많이 가는 분쇄도로 추출한다.

필터 바스켓에 커피를 담을 때 반 정도 담아 고르고 평평하게 깎아주고, 물은 찬 정수물로 하부 포트 압력 안전 밸브 선까지 넣으면 적당하다. 만약 시간적인 효율을 생각한다면 뜨거운 물을 이용해도 된다.

모카포트 종류와 구조

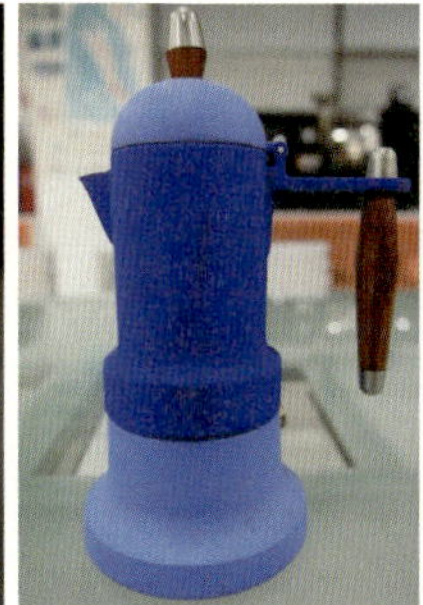

모카포트 추출 방법

① 필터 바스켓에 강배전된 커피를 미세하게 분쇄하여 평평하게 담는다.

② 하부 포트에 정수물을 압력 안전 밸브 선까지 부운 후 필터 바스켓을 넣는다.

③ 상부 포트를 결합한다.

④ 물이 끓으면 상부 추출 노즐 벽면을 타고 커피가 추출된다. 이때 추출 노즐을 타고 내려 오던 커피가 시간이 지나면 옆으로 퍼지기 시작하면서 색상이 연해지는데, 이때 불을 꺼 주면 추출이 종료된다.

카페오레 Cafe au lait

카페오레란 커피와 우유란 의미의 프랑스풍 커피를 말한다. 커피를 진하게 추출한 후 큰 잔에 설탕을 미리 넣고 커피와 동시에 따뜻한 우유를 부어주어 즐기는데 모카포트를 이용하여 만들어보자.

① 모카포트를 이용하여 진한 커피를 추출한다.
② 예열된 250cc 잔에 각설탕 2개를 넣는다.
③ 우유를 중탕하거나 전자렌지에서 1분 40초 정도 데워준다.
④ 잔에 추출된 커피 100mL와 데운 우유 100mL를 넣고 잘 저어준다.

(2) 프렌치프레스 French press

티메이커라고도 불리는 프렌치프레스는 커피가 가지고 있는 원초적인 향미를 가장 쉽게 느낄 수 있다. 이 기구는 '플런저포트 Plunger pot'라고도 부른다.

기구와 커피, 뜨거운 물만 있다면 장소 불문하고 아주 손쉽게 커피를 추출할 수 있지만, 별다른 예열 도구가 없어 추출 온도가 낮고 일정 시간 커피를 물속에 침전시켜 만들기 때문에 자칫하면 잡미가 많은 커피가 될 수 있다. 이런 특징 때문에 추출 전 확실한 포트 예열과 신속한 추출이 이루어져야 한다.

이 방법은 커피와 물의 접촉 시간을 컨트롤하지 못했을 때 추출 수율이 높은 커피가 추출되므로, 진한 농도보다 연하게 즐기는 것이 좋을 수 있다.

로스팅 정도는 하이 High 에서 시티 City 정도의 콩을 약 10g 정도 사용하고, 물은 150~200mL 정도 사용한다.

분쇄한 커피를 기구에 넣고 뜨거운 물을 커피 파우더가 혼합되도록 붓고, 물과 커피가 혼합되도록 저어준 후 3~5분 정도 담가 놓는다. 시간이 되면 플런저 Plunger 를 아래로 눌러 커피 파우더를 가라앉히고 커피를 따라 마신다.

드립 커피에 비해 약간 가벼운 듯한 맛이나 원초적인 커피 향을 즐길 수 있다. 무엇보다도 간편하다는 것이 가장 큰 장점이라 할 수 있다.

침적 방법으로 추출하기 때문에 음용 시 커피 파우더가 혼입되어 텁텁한 느낌이 강할 때는 여과지로 걸러 마시면 깔끔하게 즐길 수 있다.

coffee break

프렌치프레스 활용 방법

① 티 종류를 우려내는데 사용한다.
② 수동으로 우유 거품을 만들 때 사용한다.
　- 용기에 데운 우유를 1/3 정도 넣고 필터를 빠른 속도로 위아래로 움직여 공기를 주입한다.
　　천천히 공기를 주입시키면 거품 형성이 잘되지 않는다.

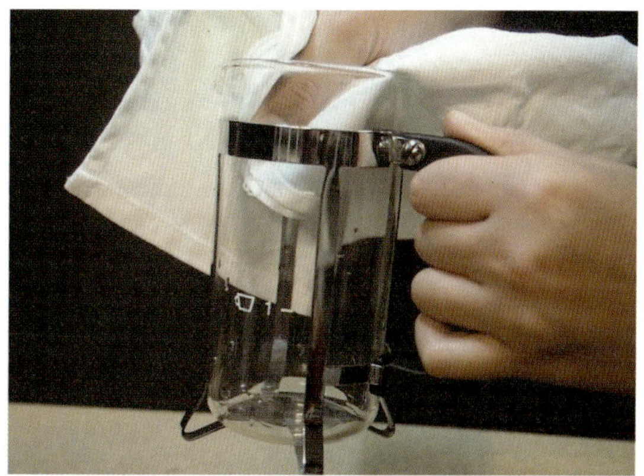

필터링 안 된 커피

필터링된 커피

(3) 사이폰 Syphon 베큐엄브로어 Vacuum brewer

사이폰은 상부에 커피를 담는 로드와 물을 담는 하부 플라스크, 여과 필터망으로 구성되어 있다. 물을 끓여 생성되는 압력에 의해 물이 상부로 상승하여 커피 추출이 진행되고, 불을 끄면 다시 하부 플라스크에 커피가 내려와 추출되는 방법이다.

기구가 유리 제품이기 때문에 추출 전 과정이 노출되어 시각적인 연출 효과가 매우 뛰어나지만, 파손의 우려가 있어 추출 과정이나 추출 후 분리 시에 주의를 기울어야 한다.

다른 추출 방법보다 추출한 커피의 향 보존이 뛰어나고, 음용 온도가 조금 높은 것도 특징이다. 원하는 기호에 따라 로스팅 정도나 분쇄도 조절을 통해 다양한 농도를 조절할 수 있다. 일반적으로 깔끔하고 깨끗한 맛을 표현하기에 적당한 방법이라 할 수 있다.

준비 사항

사이폰은 일반 드립 커피에 사용되는 커피보다 로스팅 정도가 비슷하거나 약간 낮은 상태, 그리고 중간 굵기의 분쇄도를 사용한다.

물의 양은 1잔 기준으로 130~150cc 정도로 하고, 커피 가루는 약 12g 정도로 한다. 잔 수가 늘어나면 물의 양은 배수로 증가하고, 커피의 양은 배수에서 조금씩 줄여 사용한다.

처음부터 찬물을 가열해 추출하는 것은 시간적 효율성이 떨어지므로 물은 미리 끓여둔다. 플라스크를 가열하는 기구에는 알코올램프, 가스버너, 할로겐램프 등이 있는데 주로 업소에서는 전용 가스버너를 가정에서는 알코올램프를 사용한다.

사이폰에 사용되는 전용 가스버너는 가스 불을 가운데로 모을 수 있도록 설계되어 있다. 가정에서 사용하는 알코올램프는 시중의 메틸알코올을 사용하면 된다.

플라스크에 뜨거운 물을 붓기 전에 플라스크 아래 표면의 물기를 마른 행주로 닦고 물을 붓는다. 물을 붓고 가열을 시작한 다음 로드에 필터를 넣고 스프링을 당겨서 로드 관 아래에 정확히 건다. 필터는 중앙에 위치하도록 하고 밀착 상태에 주의하도록 한다. 필터는 일정 시간마다 교환해야 하고 사용 후에는 한 번 끓인 후 찬물에 담아 보관하도록 한다. 커피를 로드에 담고 평평하게 한다.

추출 과정

① 플라스크의 물이 끓기 시작하면 로드를 플라스크에 꽂아주는데 꽂자마자 바로 물이 로드로 올라오게 된다.

- 물의 온도가 너무 높은 상태에서 추출이 시작하면 쓴맛이 강해지고, 너무 낮은 온도에서 시작하면 추출이 제대로 이루어지지 않아 수율이 낮은 커피가 추출된다. 적당한 온도에 추출이 이루어질 수 있도록 수많은 훈련이 필요한 단계이다.

② 플라스크의 물이 거의 다 올라갔을 때 불을 약간 낮추어준다.

- 이때 커피와 상승된 물의 교반이 일어나지 않도록 주의한다. 플라스크에 약간의 물이 남아 있다.

③ 로드에 물이 다 올라왔으면 대나무 스틱으로 물과 커피를 잘 섞어주어야 한다.

- 젓는 시점은 물이 다 올라왔을 때이고, 섞는 방식은 커피와 물이 잘 교반되도록 저어준다. 너무 과도하게 저어주면 추출되는 성분이 많아질 수 있으므로 적당히 저어준다. 이때 스틱이 로드 바닥에는 닿지 않도록 한다.

④ 스틱으로 저어주기가 끝나면 1분 정도 그대로 유지한다.

- 연한 농도를 원할 때 30초 정도만 기다린 후 불을 끈다.

⑤ 불을 끄면 내부의 압력이 적어져 잠시 후 필터에 여과된 추출액이 플라스크에 내려오게 된다. 이 과정에서 2차 교반을 해준다.

- 대략 30초 정도가 소요된다. 추출액이 플라스크에 내려오면서 마지막 거품 층이 확 퍼지면 추출은 완료된다.

⑥ 플라스크와 로드를 연결하는 고무를 조심히 분리하고 추출액을 잔에 따라 마신다.

- 이때 무리한 힘으로 분리를 시도하면 기구가 깨질 수 있으므로, 플라스크의 압을 뺀 후 로드를 살살 돌려 플라스크와 분리시켜 준다.
- 사이폰에 사용되는 필터는 융과 종이 필터가 있는데, 융 여과 필터에 미세하게 남은 커피 가루는 끓인 물로 세척한 후 차가운 물에 담궈 보관한다.

  사진으로 보는 사이폰 추출 과정

플라스크 닦기 & 물 붓기

커피 담아 평평하게 하기

로드에 물이 상승하면 1차 교반

일정 시간 추출 후 알코올램프 빼고 2차 교반

추출 완료

생성된 압력을 살짝 빼고 로드 분리

(4) 터키식 커피 Turkish coffee

커피와 물을 같이 넣고 끓이는 방법이며, 커피를 만드는 방법으로 '이브릭Ibrik'이나 '체즈베Cezve'라고 불리는 전용 도구를 활용한다.

가장 오래된 역사를 가지고 있는 추출 방법으로 아직도 유목민이나 터키에서는 이 방법을 이용하여 커피를 즐긴다. 커피와 물을 넣고 끓이는 방법으로 진한 농도와 강한 바디를 느낄 수 있으며, 마시고 나면 커피 가루로 인해 입안 가득 텁텁함이 강하게 남는다.

과잉 추출로 인해 잡맛이나 무거운 쓴맛이 자극적으로 남을 수 있으므로, 로스팅 정도, 분쇄도, 커피의 양, 불의 강도, 시간 등을 조절하여 맛을 연출한다.

터키식 추출은 강배전된 커피를 곱게 갈아서 추출하며, 일반적으로 이브릭에 커피 5~7g, 물은 끓어 넘치지 않을 정도로 부어준다.

약한 불로 가열하고 거품이 보글보글 끓으면 찬물을 약간 넣거나 불에서 이브릭을 멀리 떨어지게 해서 거품을 가라앉힌다. 세 번 정도 반복해서 커피의 농도를 맞춘다. 가루가 섞인 채로 잔에 따라서 잠시 기다린 후 가루가 가라앉으면 위의 맑은 추출액을 마신다. 기호에 따라 시나몬이나 향신료 등을 넣어 즐길 수도 있다.

 ## 사진으로 보는 이브릭 추출 방법

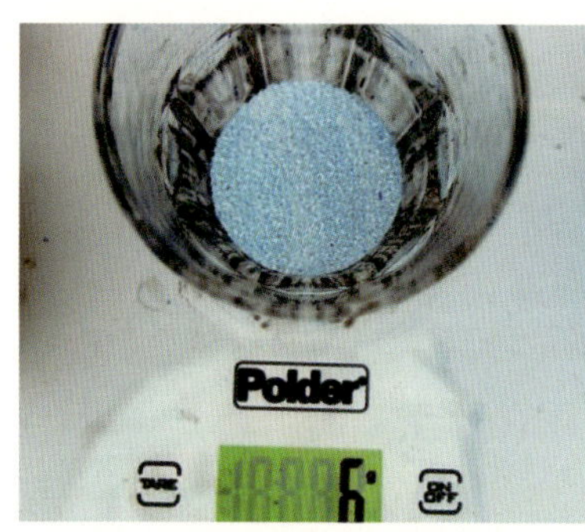

에어로프레스 Aeropress

누르는 압력을 이용하여 커피를 추출하는 도구이다.
체임버, 캡, 플런저, 고무실의 구조로 되어 있으며, 진한 농도의 커피를 만들 수 있다.

일반적인 사용 방법

① 먼저 체임버에서 플런저와 캡을 제거한다.
② 캡에 필터를 넣고 체임버에 돌려 끼워준다.
③ 준비된 잔 위에 체임버를 올려 놓고 미세하게 분쇄된 커피를 체임버에 넣고 분량의 물
　 을 붓는다(80℃ 정도의 물).
④ 10초 동안 커피와 물을 잘 저어준다.
⑤ 고무실을 물에 적신 후 플런저를 체임버에 삽입한 후 적당한 압력으로 눌러준다.
⑥ 진하게 추출된 커피를 이용하여 기호에 따라 카페라떼나 카푸치노를 즐길 수 있다.

커피를 배우다

커피를 배우다

1. 맛있는 커피의 재배 환경

커피 생산 지역

커피는 적도를 중심으로 남북위 25° 사이에 있는 아열대 기후의 지역에서 재배된다. 건기와 우기가 뚜렷한 곳으로 이 지역을 '커피 벨트' 또는 '커피 존'이라고 부른다.

커피 나무는 이 지역을 벗어나서 재배는 가능하나 생산성 있는 열매를 얻기는 힘들다. 커피 나무가 재배되는 지역은 나름 일정한 규칙성을 지니고 있는데, 좋은 품질의 커피 나무를 재배할 수 있는 환경 조건에 대해 알아보자.

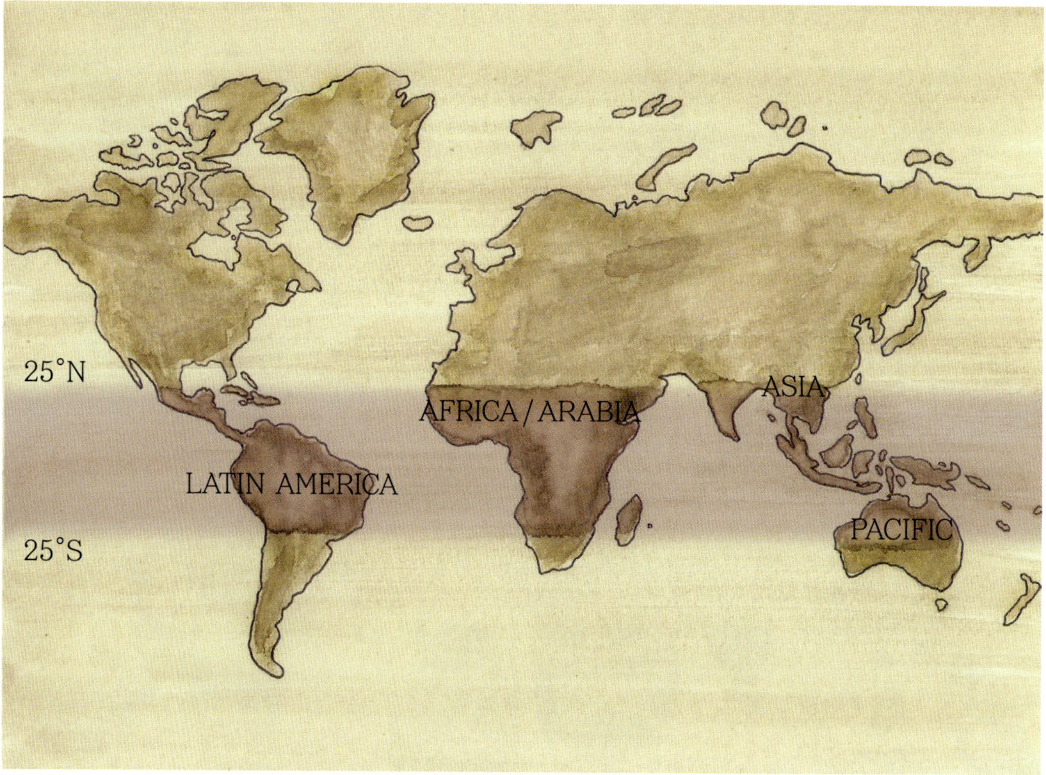

커피 벨트 Coffee Belt

조 건

(1) 기온 & 고도

커피는 아열대 식물이므로 추위에 약하다. 특히 아라비카는 냉해와 서리에 취약한 것으로 알려져 있다. 아라비카의 재배 적합 온도는 15~24℃이며, 낮은 온도에서는 열매의 결실이 늦어지며, 불량두가 많이 발생된다.

4℃ 이하의 기온이 지속될 경우, 커피 나무는 잎이 말라 떨어져 고사하게 된다. 반대로 높은 온도에서는 꽃의 자가 수분율이 떨어져 생산성이 떨어지고 품질 또한 저하되는 등의 피해가 나타난다. 온도에 영향을 미치는 고도 또한 커피 재배에 매우 중요한 요소이다.

고산 지대는 고도가 높아질수록 연평균 기온은 낮아지면서 점점 일정해지나, 일교차는 점점 커지게 된다. 큰 일교차는 커피의 결실에 긍정적인 영향을 끼친다고 알려져 있다. 단, 2,000m를 넘어서는 경우에는 냉해의 피해가 있을 수 있다.

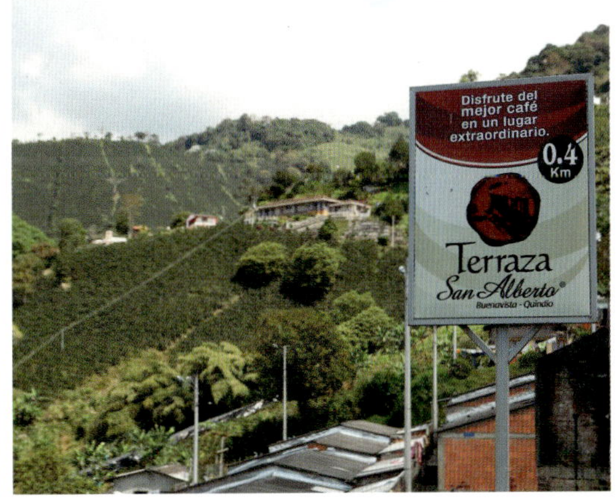

(2) 강우량

식물은 뿌리에서 물을 흡수하여 잎에서 증산 작용을 통해 물을 배출한다. 증산 작용이 활발한 커피 나무는 성장할 때 물이 많이 요구된다. 연 강우량은 일반적으로 아라비카는 1,200m 이상, 로부스타는 2,200m 정도가 필요하다. 커피가 재배되는 고산 지대는 대부분 다우지이기 때문에 가뭄 피해는 거의 없다. 커피의 개화와 수확은 주로 비가 오지 않을 때 이루어진다.

　　그러므로 건기와 우기가 뚜렷한 지역은 건기에 집중적으로 수확을 진행하고, 뚜렷하지 않은 지역은 한 나무에서 꽃이 피고 다른 한쪽 나무는 열매가 익어가는 등 성장 속도가 한 나무에서도 다르게 진행된다. 가장 비가 많이 온 시점을 기준으로 가장 많은 커피 나무가 개화하고 결실을 맺는다.

(3) 토 양

　　토양은 나무를 지탱하며 물과 양분을 공급한다. 커피 나무 재배에 있어서는 충분히 공급되는 물로 인해 뿌리가 상하지 않도록 배수가 잘 되는 것이 중요하다.

　　재배지의 토양은 사질 토양, 테라로사, 화산회토로 나뉜다. 전자의 두 토양은 토질이 산성이다. 산성 토양은 커피 음료의 신맛의 강도를 높이는

흙 정화용 지렁이

데 도움을 준다고 알려져 있다. 화산회토 재배지는 환태평양 화산대를 이루고 있는 커피 재배 지역에 많이 형성되어 있다. 화산 기반의 토양은 유기질이 풍부하고 독특한 향미를 느끼게 해준다.

(4) 바 람

　　바람은 필수적인 요소는 아니지만 커피 나무의 생장과 열매 및 씨앗의 향미 발현에 중요한 영향을 미친다. 다수의 커피 재배지는 해수면에서 급격하게 올라간 산사면에 위치하고 있다. 수분을 머금은 바닷바람은 산사면을 타고 올라가면서 구름을 생성하고 비를 내려준다. 구름의 생성은 낮의 강렬한 직사광선을 막아주며, 포화 상태의 공기는 커피 나무의 증산 작용을 일정량 억제해준다. 이러한 영향을 받은 커피는 전체적으로 부드러운 향미를 지닌다고 한다.

(5) 병충해

커피 나무 재배에 있어 병해와 충해는 아주 중요한 의미를 가진다. 커피 품종 전체를 볼 때 병충해와 저항력이 강해 생산성이 높은 품종도 있으나, 이들 품종은 음료의 향미로 볼 때 아라비카를 따라오지 못한다. 결국 병충해에 약한 아라비카 품종을 재배하기 위해선 병충해에 대한 문제를 무시할 수 없다.

종　류	특　　징
커피 녹병 Leaf Rust	잎의 상당 부분이 마치 자연스럽게 녹이 슨 것처럼 황토빛의 두드러기가 돋아난다. 광합성 능력이 상실되므로 나무는 2~3년 뒤 결국 고사한다. 1860년대 우간다와 에티오피아에서 발생했으며, 1868년 스리랑카의 커피를 전멸시킨 기록이 있다.
Brown Eye Spot	커피 나무 잎에 발생하는 병
Eye Spot	커피 나무 열매에 발생하는 병
Dumping Off	커피 나무 어린 줄기에 발생하는 병
Berry Borer	충해로 가장 잘 알려져 있다. 성충은 커피 열매 안에 산란하여 유충은 열매 안 씨앗의 영양분을 흡수하면서 자라난다. 브라질의 상파울루 주와 인도네시아의 자바 섬에 큰 피해를 입힌 기록이 있다.
Leaf Miner, Mealy Bugs, Scale	커피 나무 잎에 주로 발생하는 해충

(6) 경작 방법

커피 나무를 재배하는 초기에는 강한 햇빛을 피해야 한다. 강렬한 햇빛은 커피 나무 잎의 증산 작용을 증가시켜 잎이 시들 수도 있기 때문이다. 이러한 위험에서 커피 나무를 보호하기 위해 일조량이 가장 강한 시간에 밭을 쳐주거나 경사지에 재배하는데, 고온 평지 지역은 커피 나무 주위에 그늘을 만들어줄 만한 나무들과 함께 심어준다.

보통 바나나 나무나 고무 나무, 잉가 나무 같이 잎이 큰 나무들을 셰이드 트리로 심고, 이러한 재배 방식을 그늘 경작법Shade grown이라고 한다. 이 재배 방식은 유기농 방식이며, 다양한 종류의 작물 덕분에 새들이 날아들어 'Bird-Friendly Coffee'라고도 부른다. 또한 'Sun Coffee Plantation'과 같이 일조량을 최대한 많이 받도록 하는 것을 목적으로 하는 농장에서는 일단 농장에 이식한 후에는 인위적으로 그늘을 만들지 않는다.

일조량은 꽃눈이 맺히는 가지의 수, 그리고 열매의 결실 속도와 관계가 있으므로, 일조량이 높을수록 보다 수확을 빨리할 수 있다. 또한 주변에 여타 나무 혹은 부속물이 없으면 그만큼 재배 관리에 효율적이다. 그러나 반대로, 산지 전체가 커피의 단일 생산으로 통일되므로 단위 경제는 그만큼 커피에 의존적으로 변하고, 각종 생명체의 보금자리를 없앤 결과 주변 자연 생태계는 파괴되며, 홍수 등의 원인으로 인한 토양 유실에 대처하기가 힘들 뿐만 아니라, 지력 보존을 위해 화학 비료를 사용해야 하는 문제를 낳게 된다.

'Shade Grown' 방식은 두 가지 점에서 논의된다. 하나는 최근 관심의 대상이 되는 자연 생태계 보호와 연관한 것으로, 위에서 언급한 바와 같이 경제적 안정, 자연 환경 보호, 토양 유실 방지, 지력 보존 등의 자연 친화적인 목적을 내용으로 한다. 다른 한편으로는, 완화된 일조량으로 인해 커피 나무 자체의 생육의 안정성과 열매 결실의 충실도 등 품질면에서 우수한 커피를 생산하는 목적을 내용으로 한다.

해안의 경사지와 같은 지역은 지형적인 영향으로 상승 기류에 의한 주기적인 구름 생성 및 강우 현상이 발생한다. 이러한 환경 조건은 첫 번째 의미의 Shade Grown과는 큰 관련이 없지만, 커피의 품질과 관계한 두 번째 면에서는 해당 지역 커피에 대한 하나의 장점으로 부각된다.

그늘 경작법의 영향

- 커피 나무 잎의 증산 작용을 조절해준다.
- 열매의 성숙 속도가 느려 단단하고 밀도가 높아진다.
- 건기에 물을 공급해주는 역할을 한다.
- 다양한 야생 동물과 조류 서식지를 제공한다.
- 셰이드 트리의 성장에 필요한 영양분과 물을 나누게 된다.
- 셰이드 트리의 주기적 관리로 인해 비용이 발생한다.

셰이드 트리Shade tree의 역할

- 햇빛의 광도와 질 완화 작용 : 커피 콩의 숙성 기간을 길게 함으로써 감칠맛과 신맛이 향상된다.
- 우기 때 비를 흡수하고 이를 천천히 유출시켜 토양의 침식을 막고 습도를 유지시켜 준다.
- 토양에 자양분을 공급해주는 역할 : 토양에 질소를 주입시켜 토양의 비옥도를 향상시켜 준다.

그늘 경작법

2. 커피는 식물이다

한 잔의 커피는 생산지에서 커피 씨앗을 파종하고 재배하여 열매를 수확, 가공 등의 일련의 과정을 거쳐 얻어지는 생두를 소비권에서 그 특징에 맞는 향미의 특징을 살려 볶는 과정, 그리고 분쇄, 추출이라는 과정을 통해 소비자는 한 잔의 커피를 만날 수 있게 된다. 그리고 이젠 카페라는 공간적 개념으로 만나기도 한다.

즉, 커피 산업은 산업 전 분야와 밀접한 관계를 맺고 있으며, 사회 전반에 걸쳐 다양한 부가가치를 창출해내는 산업으로 자리매김하고 있다.

앞서 실제로 맛있는 커피를 즐길 수 있는 방법을 다루었다면, 이제부터 맛있는 커피를 만들기 위해 필요한 산지에서의 일련의 과정 등을 살펴보기로 하자.

커피의 품종

커피 나무의 식물학적 계통을 살펴보면 꼭두서닛과 아래 커피속Coffea이 있으며, 그 아래 다시 4개의 그룹으로 나뉘는데 커피 나무는 이 중 Eucoffea에 해당한다.

Eucoffea는 Erythrocoffea, Nanocoffea, Pachycoffea, Melanocoffea, Mozambicoffea 등으로 나뉘고, 주로 상업적으로 사용되는 Coffea Arabica, Coffea Canephora는 Erythrocoffea에 속해 있다. Erythrocoffea에는 Coffea Liberica나 Coffea Excelsa도 포함되나 생산성이 낮아 거의 음용하지 않고 있다.

커피의 계통 분류

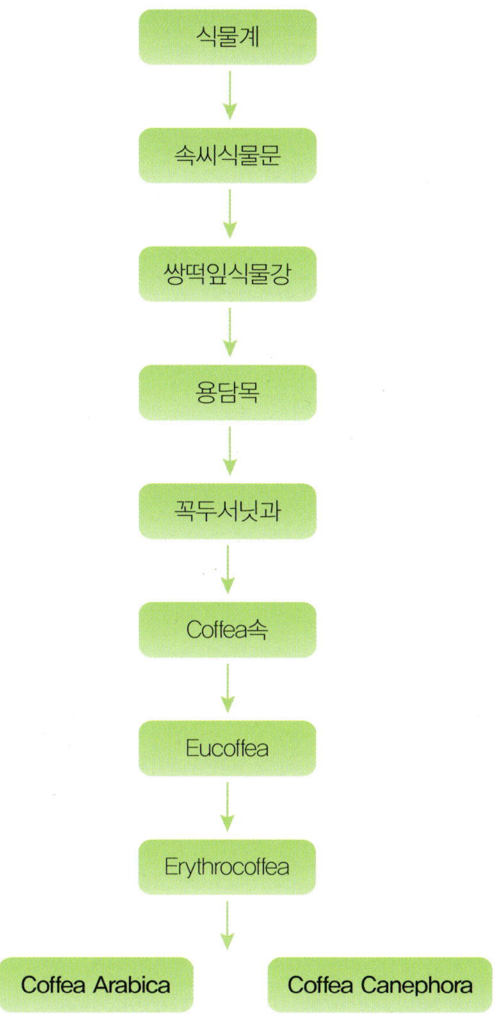

(1) 코페아 아라비카 Coffea Arabica

아라비카의 학명은 Coffea Arabica Linne이며, 에티오피아 아비시니아 고원에서 시작되어 전 세계적으로 재배되고 있는 품종이다. 보통 자연 상태에서 8~10m 이상 자랄 수 있으나, 생산성의 효율을 높이기 위해 농장에서 가지치기나 가지 휨 작업을 통해서 1~2m 정도로 나무의 높이를 조절한다.

전 세계 생산량의 70~80% 정도 차지하며, 카네포라 품종보다 환경이나 병충해에 민감해서 재배 관리가 많이 요구된다. 파종 후 3~4년이 지나야 열매를 맺으며 상업성이 있는 커피 생산은 5년 째부터 가능하다. 평균 수령은 30년 정도이지만, 20년이 넘으면 채산성이 없어지므로 실제 생산 가능한 기간은 10~15년 정도이다. 자연적, 지리적, 인적, 기술적 차이에 따라 농장 헥타르당 생산량의 편차가 매우 크다.

아라비카 품종은 카네포라 품종보다 맛과 향이 풍부하다고 한다. 고지대의 큰 일교차에 의해 열매가 성장되는 시간이 길어짐에 따라 밀도가 꽉 찬 열매가 수확된다. 재배되는 평균 고도는 600~2,200m 정도이며, 평균 기온은 15~24℃, 연중 강우량은 1,200~2,200mm 정도인 지역에서 재배된다.

이 품종의 잎은 5~20cm 사이의 다양한 크기에 끝이 뾰족하며 표면은 진녹색으로 광택이 난다. 꽃은 4~5개의 꽃잎을 가지며 은은한 재스민 향기를 가지고 있다. 우기 후에 꽃이 피지만 대부분 2~3일 정도가 지나면 진다. 일반적으로 커피 나무는 열매의 숙성 기간이 가지마다 다르고, 연 6~7번 정도 개화되기 때문에 언제나 열매가 열려 있다. 하지만 채산성이 좋은 시기는 산지마다 다르다.

열매는 타원형으로 매우 단단한 편이다. 대부분의 품종이 익으면 빨간색으로 변하기 때문에 커피 열매를 보통 '체리Cherry'라고 부른다. 아라비카 품종 중에 많이 알려진 원종은 티피카Typica, 버번Bourbon이다.

두 원종은 다른 종보다 향미가 탁월하다고 알려져 있는데, 티피카Typica는 15세기경 네덜란드인에 의해 모카항에서 채취되어 유럽 식물원으로 옮겨졌다고 알려진다. 생두의 크기는 작으며, 종단부가 길고 횡단면은 약간 둥글고 통통한 편이다. 진한 녹색의 색상을 띠며, 밀도가 높아 생두가 알차고 단단하다.

고지대에 적합한 품종이고 맛과 향이 풍부하고 꽃향기와 감귤의 향기가 나며 상큼하고 달콤한 여운이 좋은 특징을 가지고 있다. 재배 기간은 길지만 생산 가능 연수는 짧고 병충해에 대한 저항력은 낮아 생산성이 낮은 편이다.

또한 열에 의해 매우 민감하게 반응하기 때문에 최적의 맛과 향을 표현하기가 어려운 편이다. 고급 커피를 생산하는 농장에서는 주로 이 품종을 사용한다. 이는 객관적으로 이 품종이 우수하기 때문이다.

버번Bourbon은 프랑스에 의해 예멘에서 채취되어 인도양의 레위니옹 섬에 이식된 품종이다. 1,800mm 정도의 고지대에서도 잘 적응하며, 나무는 3~4m 정도 자라고 가지가 뻣뻣하게 자라며 잎은 밝은 녹색을 띤다. 열매 색상에 따라 붉은색 품종과 노란색의 아마렐로Amarello로 나뉜다.

생두의 외형은 둥근 형태이며, 크기는 티피카Typica보다 비슷하거나 약간 작다. 센터컷 부분에 선명한 S자 모양이 있다. 맛의 경향은 산뜻함과 부드러움, 달콤한 뒷맛이 강하게 느껴지며, 열에 의한 민감성은 티피카와 비슷하다고 알려져 있다.

(2) 코페아 카네포라 Coffea Canephora

학명은 Coffea Rousta Linden, 아프리카 콩고가 원산지이며 전 세계 커피 생산량의 15~20%를 차지하고 있다. 아시아에서는 주로 말레이시아, 라오스, 베트남, 인도네시아, 티모르, 아프리카 지역에서는 아이보리코스트, 뉴칼레도니아, 앙골라에서 주로 재배된다. 중남미에서는 에콰도르, 페루 등지에서 소량 재배되고 있다. 단종으로 즐기기보단 블랜딩과 인스턴트 커피용으로 사용되고 있다.

재배 고도는 0~800m 정도이며, 연평균 기온 18~36℃, 연 강우량 2,200~3,300mm의 비옥한 토양에서 잘 자란다. 아라비카 품종보다 재배가 용이하며 병충해에도 잘 견디고 환경 적응력이 좋아 생산성도 좋지만, 맛과 향은 아라비카에 비해 다소 떨어지는 편이다.

잎은 아라비카보다 약간 크고 부드러우며 한 줄기마다 4개의 꽃망울이 붙고 꽃잎은 5~6개 정도 벌어진다. 체리는 아라비카보다 과피가 얇아 씨와 분리가 잘된다.

(3) 코페아 리베리카 Coffea Liberica

아프리카 리베리카가 원산지로 5~10m나 되는 커피 나무의 키로 인해 재배 관리가 어려우며, 커피의 향미 품질이 다른 품종보다 낮은 걸로 평가된다. 커피 향미의 품질이 낮다 보니 음용의 가치는 없는 품종이다. 아프리카 서부 지역 및 아시아 일부 지역에서 재배되며 생산량은 아주 적다.

Coffea Arabica와 Coffea Canephora의 특징 비교

	Coffea Arabica	Coffea Canephora
주품종	Typica	Robusta
적합한 기후	온대 기후	온난 다습
고도(m)	600~2,200	0~800
기온(℃)	15~24℃	18~36℃
강우량(mm/year)	1,200~2,200	2,200~3,000
수분 형태	자화 수분	타화 수분
염색체(2n)	44	22
잎	작고 광택이 나며 타원형	크고 폭이 넓다.
꽃(하얀색부터 분홍색까지 있음.)	작다.	크다.
열매	잎 겨드랑이에 송이째 붙어 있음. (진홍색부터 빨간색 또는 노랑색)	잎 겨드랑이에 송이째 붙어 있음. (검정색처럼 보이는 진홍색)
열매 형태	타원형	타원형, 건조시키면 줄 무늬를 띠기도 한다.
열매 길이(mm)	15	12
열매 숙성 기간(월)	6~9	9~11
생두 형태	타원형인 것, 납작한 것, 깊게 홈이 패인 것, 둥근 형태인 것 등 다양	
생두 길이(mm)	5~13	4~8
카페인 함유량(%)	평균 1.2%	평균 2.2%
상업적 재배 시기(년)	1753	1895
병충해	약하다.	강하다.
개화 시기	비온 후	아무 때나
뿌리	깊은 뿌리	얕은 뿌리
수확량(kg/ha)	1,500~3,000	2,300~4,000

체리 체리

꽃 꽃

생두 생두
로부스타 Robusta　　VS　　아라비카 Aribica

(4) 변 종

커피 나무는 개화부터 열매가 익을 때까지 수개월의 시간이 걸리는데 이 시간 동안 주변의
환경은 열매와 씨앗에 많은 영향을 끼치게 된다.

다양한 지역에서 수백 톤의 커피가 생산되고 소비되는데 생산되는 커피는 모두 각기의 맛과
향을 가지고 있다. 같은 나라, 같은 지역, 같은 종류의 커피라도 토양, 기온, 강우, 고도 등의 주
변 환경 요소 및 관리의 차이에 따라 농장별로 커피의 맛과 향이 다를 수 있다.

이들 지역적 개성이 반영된 커피들은 원산지 에티오피아의 커피와는 맛과 향에 있어서 상당
히 다른 경향을 보여주고, 원종 커피의 낮은 저항력은 커피의 생산성에 큰 영향을 미쳐왔다. 특
히 병해와 충해는 광범위한 지역에 영향을 끼쳐 당해 커피 나무 생산에 커다란 악영향을 미칠
수 있었다. 이러한 상황에서 커피 나무 생산을 보존하고 품질을 개선하기 위해 저항성이 강한
여러 가지 품종과 교배하거나, 지역을 이동하여 자연적으로 변종되게 하여 저항성을 높인 품종
을 개발하였다.

다음은 자연 변종과 교배종 중 대표적으로 생산되고 있는 품종들이다.

① 자연 변종

품 종	특 징
Maragogype Maragogipe	• 브라질의 바이아Bahia 주에서 발견된 티피카Tipica 변종 • 열매의 크기가 매우 크며 달콤하고 상큼한 향미가 특징
Tico	• 중미에서 발견된 변종
Hidalgo	• 멕시코에서 발견된 변종
San Ramon	• 중미에서 발견된 변종
Caturra	• 브라질에서 발견된 버번Bourbon의 변종 • 품질이 좋고 수확량도 많다. 상큼한 맛이 뚜렷하고 고지대에서 재배한 커피는 감귤 과 레몬의 향미가 특징
Kent	• 20세기 초 켄트(L. P. Kent)에 의해 인도에서 발견된 품종 • 커피 녹병에 강한 것이 특징
Kona	하와이에서 발견된 변종
Mokka	• 자바에서 발견된 버번의 변종 • 생두의 크기가 매우 작다.
Sidamo, Harrar	에티오피아에서 자라는 변종
Sumatra	• 수마트라에서 발견된 변종 • 왜성종이며 잎과 씨앗은 크다.

Ruiru 11	케냐의 선택종으로 왜성종이다. 병충해에 강하고 생산성이 높다.
Geisha(게이샤)	• 에티오피아에서 유래되어 파나마에서 육종되고 재배된 품종 • 꽃향기, 상큼한 맛, 깨끗한 뒷 여운, 그리고 적당한 바디가 특징

② 교배종

품 종	특 징
World I	브라질에서 발견된 Tipica와 Bourbon의 교배종
Mundo Novo	• Sumatra와 Bourbon의 자연 교배종이며 수확량이 많고 병충해에 강하다. • 향미는 좋지 않으며 달콤한 맛이 부족하며 쓴맛이 느껴진다.
Catuai	Mundo Novo와 Caturra의 교배종이다. Catuai는 '최고'를 의미한다고 한다. Caturra 처럼 왜성종이기 때문에 재배 관리와 수확에 유리하며 생산성이 높고 병충해에도 강하다. 열매 색상에 따라 Vermelho/Amarelo로 나뉜다.
Hibrido de Timor	• 티모르 섬에서 발견된 아라비카와 로부스타의 자연 교배종 커피 녹병에 강하다. • 19세기 말엽 커피 녹병이 심각하던 때 발견된 이 품종은 큰 관심을 불러 일으켰다.
Arabusta	• 아이보리코스트에서 발견된 아라비카와 로부스타의 자연 교배종이다. • 이에 해당하는 것으로는 브라질의 Icatu, Catucai, 케냐의 Rioru가 있다.
Catimor	• Caturra Vermelho와 Hibrido de Timor의 교배종이다. • 녹병 저항 인지가 있으나 맛에서는 떨어진다는 평을 받는다.
Colombia Variety	• 콜롬비아에서 선택된 Catimor종으로 내병성이 뛰어나고 단기에 다수확이 가능하다. • 커피 녹병에 강하며 매년 생산이 가능하다.

문도노보 Mundo Novo

버번 Bourbon

버번 카라콜리

버번 Bourbon

아마렐로 Amarelo

게이샤 Geisha

빠까마라 나무

빠까마라 Pacamara

카투아이 Catuai

쌍둥이 체리

카투라 Caturra

모카종

커피의 재배, 수확

파종, 재배

커피 나무는 주로 씨뿌리기에 의해 파종을 하나, 접붙이기나 다른 방법에 의해서도 번식을 하기도 한다. 파종은 주로 배양토를 넣은 모판이나 묘목용 화분에 하고, 최고 품질의 체리를 골라 파치먼트 상태로 심는다. 파종 후 30일 정도 지나면 싹이 트고, 10주 정도 지나면 2개의 떡잎이 나온다.

모종으로 재배하는 동안 충분한 물 공급과 일조량을 높여주되 직사광선에 노출되지 않도록 발을 쳐주며 관리한다. 8~10개월 정도 지나 30cm 정도의 튼튼한 뿌리와 곧게 자란 묘목들은 농장으로 이식한다. 커피 나무 이식 시기는 우기가 시작될 때, 즉 습도가 높고 흐린 날이다.

일반적으로 파종에서 이식까지 걸리는 시간은 아라비카 품종은 1년 정도, 로부스타 품종은 6~9개월 정도 걸린다. 커피 나무의 상태는 30cm 이상 커야 하며, 8개 이상의 잎을 가지고 있어야 적당하다.

이식 후 직사광선에 직접 노출되는 것을 막아야 하고, 이식 후 성장이 더딘 묘목은 다른 묘목으로 대체해서 심어준다. 커피 나무가 1.5m 정도 이상 성장하는 데 걸리는 시간은 약 2년 정도이며 3년이 지나고 나야 생산이 가능하다.

꽃은 본가지에서 뻗어나온 곁가지의 잎이 나오는 마디 부분에 핀다. 꽃잎의 길이는 아라비카가 1.5cm, 로부스타가 3cm 정도이다. 꽃잎은 보통 5장이며 이들은 서로 떨어져 있다. 개화는 우기에 비가 온 후 시작하며 개화 기간은 2~3일에 불과하다.

개화에서 결실까지는 품종, 자연 조건, 경작 방법 등에 따라 다르지만, 일반적으로 아라비카는 6~9개월, 로부스타는 9~11개월이 걸린다. 보통 2~3개월까지는 별다른 변화가 없고, 그 후부터 열매는 급속히 성장하며 내부의 씨 부분도 동일하게 커진다. 열매의 크기와 속씨 부분이 다 자라고 난 후 열매의 색상이 변하게 된다.

아라비카는 꽃이 피었던 자리에서 다시 꽃이 피지만, 로부스타는 한 번 꽃이 핀 부분에는 다시 꽃이 피지 않는다. 이 점 때문에 자연 상태에서의 로부스타는 매년 열매가 맺히는 부분이 길어지게 되므로 수확을 용이하게 하기 위해 주기적으로 한 번씩 전지를 해주기도 한다.

묘포 Nursery

커피를 심어 묘목을 키우는 곳을 말한다. 야자수나 바나나 나무 잎으로 그늘망을 만들어 주는 통풍이 잘 되고 직사광선에서 커피 묘목들을 보호해준다.

전지 Pruning

커피 나무에 가지가 많이 달리게 되면 열매 수확에 공급되어야 할 영양분이 원활히 공급되지 않아 수확 및 관리가 어렵게 된다. 주기적인 가지치기는 오래된 가지로 인해 차단되는 공기와 햇빛, 영양분을 새 줄기의 성장과 열매의 성장에 쓰이도록 해서 좋은 품질의 커피를 수확하는 데 도움을 준다.

파종할 흙

커피 싹

커피 싹

묘목용 화분 준비

커피 싹

모종

농장 이식된 모종   커피 꽃

수 확

커피 체리 Coffee cherry 는 익은 후 수일 내에 수확해야 한다. 지역마다 생산 가공되는 방식에 따라 수확 시기가 조금씩 다를 수는 있지만, 과육 내의 포화 상태와 품질의 가치가 있을 때 수확하는 것이 좋다.

수확되어 상품으로 판매되는 커피는 열매 속의 씨앗에 속한다. 커피 열매는 식물학적으로 핵과(核果)에 속하고 중심부에 딱딱한 씨앗 Bean 이 있다. 보통 2개의 반원형의 씨앗이 대칭 구조로 평평한 면을 서로 마주보고 들어 있는데, 이를 '플랫빈 Flat bean'이라고 한다.

열매의 구조는 다음과 같다.

열매의 내부 구조와 명칭

껍질은 '외피 Skin'라고 부르고 외피 내부에는 과육 Pulp 이 붙어 있다. 씨앗 부분이 크기 때문에 과육의 양은 얼마 되지 않으나, 잘 익은 커피 열매의 과육에선 즙이 많고 달콤하고 새콤한 맛이 나기도 한다.

씨앗은 일반적으로 2개씩 대칭으로 구형이며, 1개의 씨앗은 반구 형태로 평평한 쪽에 고랑이 파여 있다. 이를 '센터컷 Center cut'이라 한다.

커피 열매를 으깨면 외피와 과육은 쉽게 분리되며 또 하나의 속껍질이 있는데, 이것을 '내과피 Parchment'라고 부른다. 내과피는 점액질 Mucilage 에 의해 둘러싸여 있고 이 안에는 1개의 씨앗이 들어 있다.

내과피를 제거한 커피 씨앗을 보통 '생두'라고 부르고, 내과피 안쪽에는 '은피 Sliver skin'라고 부르는 얇은 막이 둘러싸여 있다.

이 부분은 내과피를 제거할 때 같이 제거되지만 일부 남아 로스팅할 때 제거되기도 한다. 가공 과정 중 폴리싱 Polishing 작업을 통해 이를 제거해서 깨끗한 표면을 가진 생두를 유통하기도 한다.

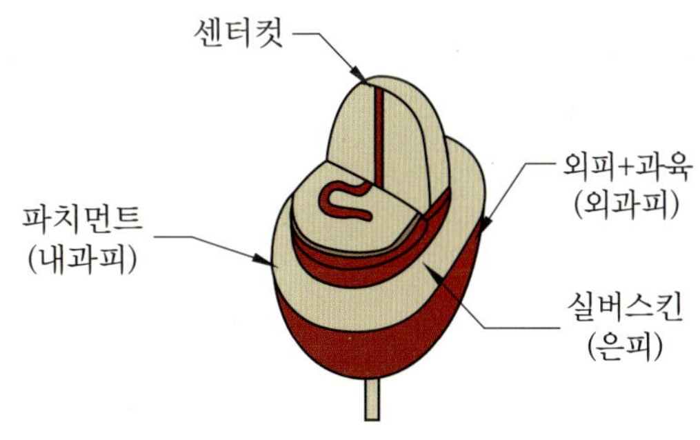

커피 체리의 내부 구조

내과피와 체리

피베리Peaberry

일반적으로 2개의 평평한 씨앗 대신 커피 열매 안에 1개의 타원형 씨앗이 있는 경우가 있는데, 이를 '피베리'라고 부르고 '카라콜Caracol'이라고도 부른다. 피베리는 일반 생두와 섞여 판매되거나 분리되어 별개로 판매되기도 한다.

커피 열매가 성장할 때 유전적인 결함이 발생했거나 환경적 조건 또는 불완전 수정에 의해 발생된다. 플랫빈Flat bean에 비해 사이즈가 작으며 고른 형태로 인해 고르게 잘 볶이고 고지대에서 생산되는 피베리는 스페셜 등급으로도 판매되기도 한다.

피베리Peaberry

플랫빈Flat bean

수확된 커피는 상품으로 만들기 전에 껍질을 벗겨내고 가공한 후 유통시킨다. 수확에서 가공, 상품으로 포장해서 유통시키는 공정은 단위 조합별, 지역별로 이루어지는 경우가 많다. 이 모든 공정에 걸리는 기간은 1개월 정도이며, 생두의 출하 시기는 수확 후 1개월 정도 때부터 출하되기 시작한다.

출하되는 생두 중 당해 수확해서 당해 출하하는 커피를 뉴 크롭New crop, 뉴 크롭이 출하된 때부터 지난해의 커피는 패스크 크롭Past crop, 그리고 2년 이상 지난 커피를 올드 크롭Old crop이라고 구분 짓는다.

커피 열매의 수확 방식은 산지마다 재배 환경에 따라 달라진다. 건기와 우기가 뚜렷한 지역은 수확 시기가 일정하여 대량 기계 수확이 가능한 반면, 뚜렷하지 않는 지역은 결실 기간이 달라 노동력의 비중이 높아질 수 있다.

커피 열매를 수확하는 방식은 다음과 같이 나눈다. 사람의 손으로 직접 잘 익은 열매를 골라 수확하는 핸드픽킹Hand picking, 가지를 훑어내리는 스트리핑Stripping, 그리고 기계로 수확하는 방식이 있다.

수확 방식	특 징
핸드픽킹 (Hand picking)	• 사람Picker에 의해 잘 익은 체리만 수확한다. • 좋은 품질의 커피만 선별할 수 있어 고품질의 커피를 생산할 수 있다. • 수차례의 선별에 의해 노동 비용이 높다. • 피커가 하루 수확할 수 있는 양의 한계가 있어 대량 생산은 어렵다. 　(50~120kg/일 생산량) • 주로 습식 가공을 하는 지역에서 사용된다.
스트리핑 (Stripping)	• 익은 체리가 있는 가지를 아래에 천을 깔고 훑어내리는 체리를 수확하는 방법이다. • 수확에 따른 비용이 낮고 효율성이 좋다. • 커피 나무, 체리에 손상을 입힐 수 있다. • 건식 가공하는 지역이나 주로 로부스타 생산 국가에서 활용된다. • 나뭇가지나 덜 익은 체리, 나뭇잎 등이 섞여 있어 품질이 균일하지 않다.
기계 수확	• 재배지가 평평한 저지대에서 가능하고 대규모 농장 지대에서만 가능하다. • 잘 익은 체리를 선별해서 수확하기 힘들다. • 나무에 손상을 입힐 수 있다. • 고가의 기계 비용이 든다. • 대량 생산이 가능하나 선별과 처리 과정에 대규모 시설이 필요하다. • 낮은 노동 비용이 든다.

커피의 가공

커피 열매의 껍질을 벗겨 씨앗을 얻어내는 일련의 과정을 '가공'이라 부르고, 이 공정은 열매의 수확 후 바로 행해져야 한다. 과육은 수분이 많으며 당분이 있기 때문에 벌레에 의해 해를 입거나 변질, 부패되기도 쉽다. 상하거나 변질된 과육은 불쾌한 냄새가 나며, 여타 커피 열매에 손상을 줄 뿐만 아니라 내부의 씨앗에도 악영향을 미친다.

가공 과정은 크게 건식Dry process과 습식Wet process 두 가지로 나뉘는데, 지역적인 여건과 노동력, 농장의 규모에 따라 택하는 방식이 다르고 동일한 방식이라 해도 조금씩 다르게 진행한다. 그리고 요즘은 좋은 품질의 커피 생산을 위해 가공 방식을 변화시키는 곳들도 생겨나고 있다.

가공 방식에 따라 커피의 향과 맛은 뚜렷한 차이를 보이게 된다.

(1) 건식법Natural processing

건식 가공법Dry processing은 '내추럴 가공법Natural processing'이라고도 부른다. 건조를 통해 씨앗을 얻어내는 방식이지만, 일반적으로는 습식 처리법을 제외한 모든 방법을 통칭하기도 한다. 정식 건식 처리법은 물이 풍부하지 않은 곳, 추수기에 특별히 날씨가 맑은 곳에서 행해진다.

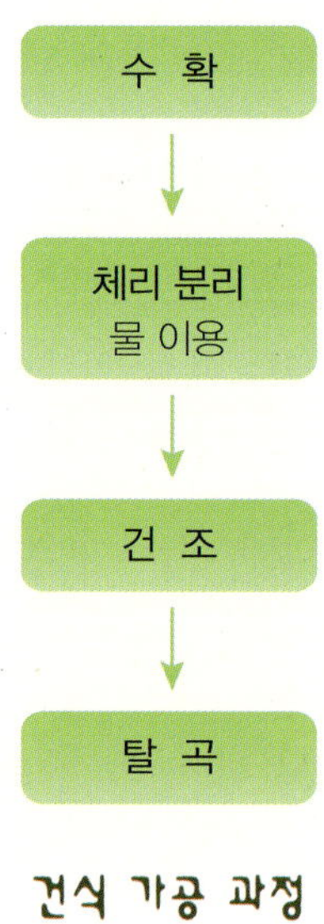

건식 가공 과정

수확한 열매에서 불순물과 미숙한 열매, 불량 열매를 1차적으로 선별해내고, 물을 이용하여 가벼운 체리와 무거운 체리를 분리한 후 일광 건조하여, 외피 부분을 바짝 말린 뒤 파쇄하여 씨앗을 얻는 방식이다.

나뭇가지, 잎, 잔돌과 같은 불순물은 체를 써서 걸러내고, 미숙한 열매나 불량 열매는 손으로 일일이 골라내고, 선별된 열매는 건조장으로 옮겨 말리게 된다.

건조는 건조를 행하는 열매 전체에 대해 균일하게 진행되어야 한다. 그러므로 건조장은 나무나 높은 건물, 산 등 그림자가 생길 수 있는 요소로부터 멀리 떨어진 넓고 평탄한 장소에 위치해야 한다. 낱개 열매는 완전히 마르는 데 1주일 가량 걸리며 익은 정도가 높을수록 건조 일수는 짧아진다. 건조 속도가 느릴수록 커피의 향미는 균일하게 된다.

건조 속도는 일조량과 관계가 있다. 햇볕을 받은 열매는 내부 온도가 올라가며 수분을 빼앗기게 된다. 그러나 내부 온도가 40℃ 이상 올라가면 외피 층에서는 발효가 일어나 생두의 색상과 향미에 악영향을 미칠 수 있기 때문에 무제한적으로 햇볕에 노출해서도 안 된다. 또한 밤에는 낮은 기온에 포화 상태가 된 수증기가 표면에 접촉하여 이슬을 만들 수 있으므로 이 또한 유의해야 한다.

건조는 다음과 같이 이루어진다. 낮에는 일정한 두께로 열매를 고르게 펼쳐준다. 밤에는 펼쳐놓은 열매를 뭉쳐주어 새벽의 이슬에 노출되는 면적을 줄여 준다. 건조가 완료되면 열매는 씨앗 부분과 껍질 부분이 쉽게 분리될 수 있다. 껍질을 파쇄하여 불어냄으로써 열매를 골라내게 된다. 건식 처리를 행한 생두의 수분 함량은 12~13%이며, 이 상태에서 생두는 안정하다.

건식 가공법은 아라비카의 경우 브라질, 에티오피아, 예멘, 인도네시아에서 행해지며 대부분의 로부스타도 건식 진행된다. 이 방식으로 가공된 커피는 표면이 깨끗하지 않고 로스팅했을 때 센터컷Center cut이 노란색을 띤다. 과육에 있는 당 성분이 씨앗 속으로 침투해서 단맛과 바디가 강한 커피를 얻을 수 있고, 건조 장소에 따라 향미가 다르게 나타날 수도 있다.

건식에 해당하는 것으로 다음과 같은 방식도 포함된다. 열매의 결실 중 바람이나 기타 요인에 의해 가지가 부러지는 경우가 많다. 이들 부러진 가지의 열매들은 제대로 영양을 공급받지 못하고 그대로 썩거나 말라간다. 이들 열매에서 얻는 씨앗은 품질이 낮지만 역시 수확되어 내수용으로 사용된다. 아프리카 등지에서는 이들 씨앗을 '번bun'이라 부른다.

수확

커피 가공소(밀)로 이동

선별

물을 이용한 체리 분리

건조

(2) 펄프드 내추럴 Pulped natural processing

펄프드 내추럴 가공법은 수확한 체리는 물에 의해 분리한 후 가벼운 체리는 그대로 건조하고, 무거운 체리는 외과피를 제거한 후 점액질을 제거하지 않고 건조하는 방식이다.

점액질이 내과피에 붙어 있는 상태로 건조하기 때문에 독특한 향미를 가지게 되며, 건식법보다 건조하는 시간이 짧다.

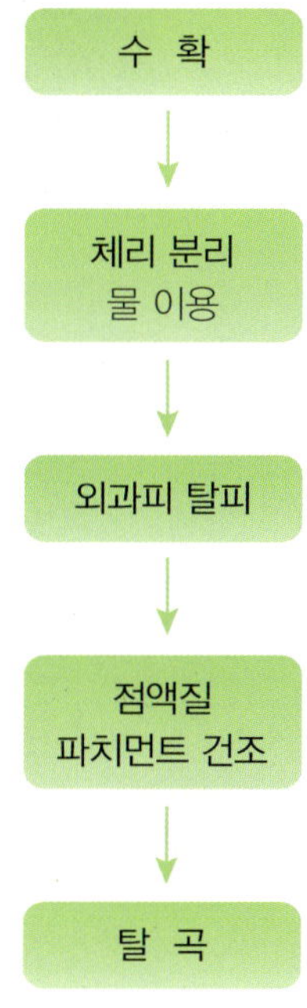

펄프드 내추럴 가공 과정

점액질 상태의 파치먼트

파치먼트 건조

건조된 점액질 상태의 파치먼트

(3) 습식법 Wet processing

습식법은 외과피를 제거한 후 점액질 상태의 커피를 일정 시간 동안 물속에 담궈 점액질을 분리시킨다. 이후 물속에서 생성된 이취 등을 물로 세척한 후 건조하는 방식으로 다른 방법보다 균일한 상태의 결과를 얻을 수 있다. 주로 물이 풍부하거나 가공 시스템이 잘 갖추어진 곳에서 활용된다. 주로 콜롬비아, 케냐, 탄자니아, 과테말라, 코스타리카, 하와이 등 대부분의 아라비카 커피를 재배하는 곳과 로부스타를 생산하는 일부에서도 사용된다.

수확된 커피는 수로를 통해 수집 탱크로 이동되고, 이때 뜨는 가벼운 체리나 이물질들은 제거해주고 무거운 체리는 바닥에 가라앉아 다시 수로를 통해 과육 제거 기계로 이동된다.

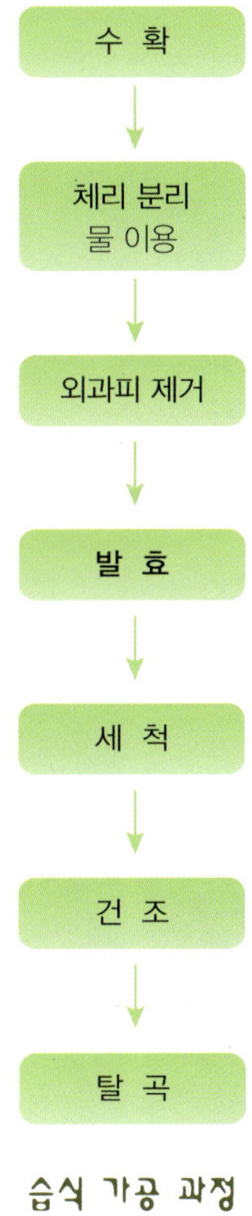

습식 가공 과정

커피 백 이동   핸드픽킹

커피 분리

 커피를 배우다

과육 제거 기계들

탈피된 외과피

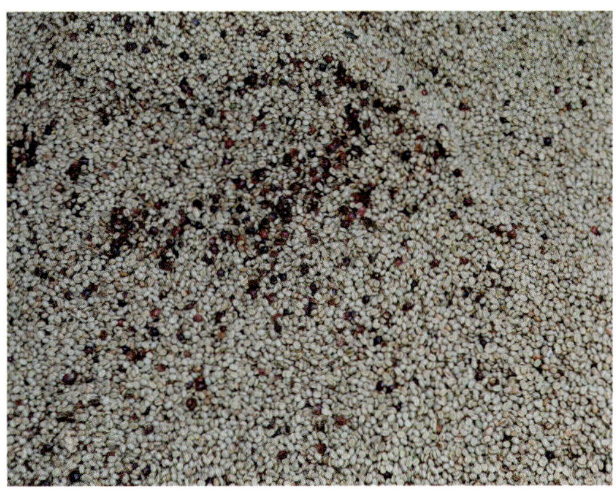

점액질 상태의 파치먼트

과육 제거Pulping 과정은 열매의 외과피를 제거하는 과정으로 신속히 진행되어야 한다. 과육은 당분과 수분이 많아 썩기 쉽고 발효로 인해 이취가 나며, 이로 인해 전체 품질이 떨어질 수도 있다. 과육 제거 공정이 끝나면 점액질을 제거하는 자연 발효 과정으로 이어진다.

이 과정은 습식법의 핵심 과정이라도 볼 수 있는데 커피 가공소(밀)의 환경에 따라 조금씩 다르게 진행된다. 발효 과정에서는 자연적으로 발생하는 박테리아에 의해 점액질이 제거된다. 주로 6~48시간 정도 걸쳐 발효를 시키는데, 너무 오래 발효시키면 좋지 않은 발효취가 날 수 있으므로 세심한 관리가 필요한 공정이다.

발효 과정을 거치고 나면 수차례 깨끗한 물로 파치먼트 외부에 붙어 있는 이물질들을 세척해주어야 한다. 이러한 공정을 통해 이취가 없는 균일한 품질의 커피가 만들어진다.

발효 과정

발효 후 세척

세척 후 파치먼트

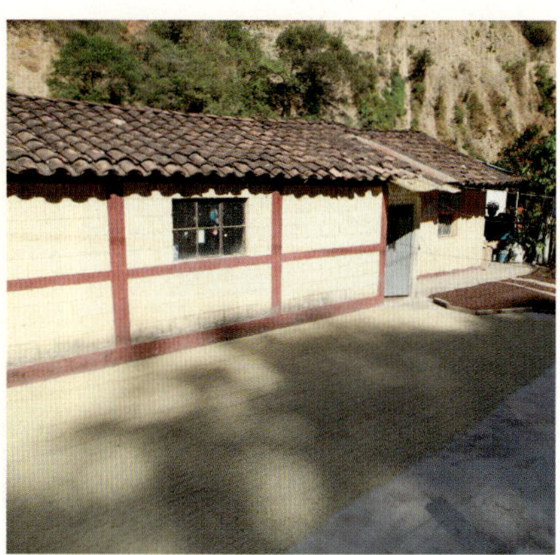

건조

건 조

가공 과정을 거치고 난 생두의 함수율을 낮추는 과정으로 보관, 유통 시 미생물의 증식을 방지할 수 있다. 햇볕을 이용한 자연 건조로 진행하는 곳도 있고, 자연 건조와 기계 건조를 같이 하는 곳도 있다.

품질에 영향을 끼치는 균일한 건조를 하기 위해 건조 장소의 온도 조절, 생두에 공기의 균일한 전달 및 콩을 자주 뒤집어주어야 한다.

자연 건조를 하는 장소를 '파티오Patio'라고 부른다. 파티오는 주로 콘크리트, 타일, 아스팔트로 만들어지는데, 온도가 너무 높거나, 서리나 이슬로부터 커피를 보호하기 위해 방수포 같은 커버를 씌워 보호한다. 파티오의 기후에 따라 조금씩 다르긴 하지만 보통 파치먼트 상태는 7~15일, 체리 상태는 12~21일 정도 건조 기간이 걸린다.

균일한 건조를 위해 커피를 파티오에 펼쳐놓고 나무 갈퀴로 고르게 뒤집어준다. 파티오의 청결 상태와 흙 등의 이물질이 커피 품질에 영향을 끼칠 수 있어 건조대에 건조하는 곳도 있다. 주로 파치먼트를 건조하며, 자연 건조보다 많은 노동력이 필요하지만 깨끗한 품질의 커피를 생산할 수 있다.

건조가 너무 오래 진행될 경우 커피가 깨지기 쉬운 상태가 되고, 덜 될 경우에는 곰팡이나 발효가 되기 쉬우므로 적정한 건조는 좋은 품질을 위해 아주 중요한 과정이다.

기계 건조와 같이 하는 곳에선 커피의 함수율이 20% 정도일 때 기계 건조로 이동하여 12% 정도 낮추어 준다. 주로 건식법보다 습식법으로 가공하는 곳에서 주로 이용하며 40~45℃ 정도 온도를 유지해준다. 가공하고 남은 커피 껍질과 파치먼트는 기계 건조 시 열원으로도 사용된다.

기계 건조는 자연 건조에 비해 비용이 많이 드는게 단점이지만, 날씨의 영향을 받지 않고 균일한 건조에 용이하다.

파티오 건조

소규모 건조

테이블 건조

건조장

건조장 연료

건조장 내부 온도

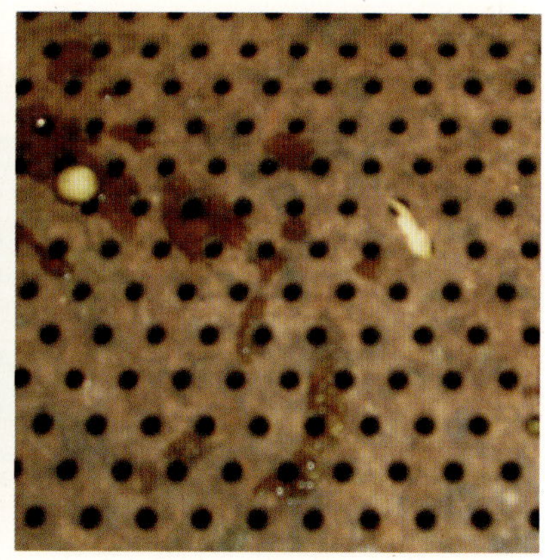

건조장 바닥

커피의 분류-선별Grading

건조 과정을 거친 커피는 선별 기준에 따라 등급이 결정되고 포장을 거쳐 유통된다. 커피는 생산 과정 동안 단계별로 결점두 및 이물질들이 혼입될 수 있다. 이러한 이물질들은 주변의 생두를 오염시키기도 하고 로스팅, 그라인딩 중 기기에 손상을 줄 수도 있다.

커피의 선별은 균일한 품질의 커피 로스팅을 위해 필요한 과정이며, 품질을 판단하는 하나의 척도이기도 하다. 이러한 선별은 생두의 크기, 밀도, 색상, 함수율에 따라 구분되는데, Hand pick과 전자식 커피 선별기 두 가지 방식에 의해 이루어진다.

Hand pick은 전통적인 방식으로서 대다수 커피 생산지에서 이루어진다. 이 방식은 여러 칸으로 나뉜 작업대 위에 파치먼트나 껍질을 제거한 일정량의 생두를 부어 손으로 불량두를 하나씩 골라 종류별로 구분된 다른 칸에 넣는 방식으로, 선별이 끝난 생두는 다른 쪽으로 부어넣게 되며 이 과정을 반복해서 진행한다. 선별된 정상적인 생두의 비율은 전체 생두의 반을 넘는 경우가 많지 않다.

전자식 커피 선별기는 일렬로 흘러내리는 생두에 일정량의 빛을 조사(照射)하고 반사광을 판별하여 커피를 구분한다. 흑두, 백두, 불완전 건조된 생두, 그 외 이물질들은 압축 공기로 불어낸다. 진행 속도는 Hand pick보다는 빠르나 일정 기준에 의해 판별하는 것으로, 다양한 커피 씨앗에 대해 완벽하게 대응하는 것이 아니므로 완전히 Hand pick을 대체할 정도는 아니다. 고급 생두에 있어서는 최종 상품에 대해 별도의 전자식 선별을 하는 경우가 있다.

선별된 생두는 국가별 정해진 기준에 따라 분류하게 되는데, 크게 생두의 크기Screen size, 결점두Defect bean의 함량, 재배 고도에 의해 분류되며, 범용적으로 SCAA 기준에 의해 분류되기도 한다.

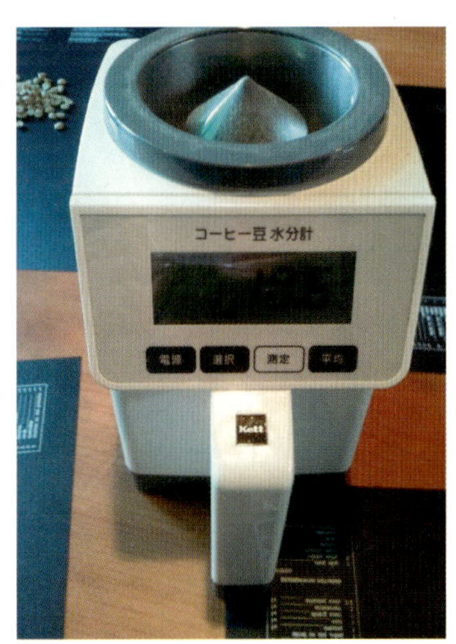

함수율 측정기

AFDELING	KOPI GLONDONG				REND		TAKSIRAN HASIL JADI			
	Superior		Inferior	Jumlah	Sup	Inf.	Superior		Inferior	Jumlah
Kamp. Baru	1.782	408	200	2.390	15.5	13	276	63	26	365
s/d ini	16.025	3.650	4.975	24.650			2.481	565	660	3.696
Sempol	861	446	113	1.420	15.5	13	133	71	13	217
s/d ini	15.371	4.262	1.827	21.960			2.281	661	235	3.277
Kamp. Malang	905	38	167	1.110	15.5	13	140	6	22	168
s/d ini	21.464	665	1.031	23.160			3.324	105	135	3.564
Krepekan	541	134	5	680	15.5	13	84	21	1	106
s/d ini	11.747	1.689	24	13.960			1820	262	2	2.084
Jampit	-	-	-	-	15.5	13	-	-	-	-
s/d ini	2.145	325	-	2.470			331	51	-	382
Jml. Hari ini	4.089	1.026	485	5.600	15.5	13	633	161	62	856
s/d Kemarin	62.663	9.865	7.372	79.600			9.704	1.403	960	12.147
JML S/D INI	66.752	10.591	7.857	85.200			10.337	1644	1.022	13.003

PRODUKSI

선별하는 모습

(1) 생두의 크기 Screen size

생두의 크기로 등급을 분류하는 것은 관능 검사에 있어 직접적인 판단이 가능한 방법으로 객관적이다. 동 품종 중에 크기가 큰 생두는 열매의 결실 과정이 양호했으며 생육 조건이 좋았다라는 의미를 가지고 있고, 이러한 조건은 커피 품질에 신뢰를 줄 수 있는 기준이다.

스크린 사이즈는 생두 로스팅의 균일성에 영향을 미친다. 모든 상황과 조건이 같을 때 생두의 크기와 두께는 로스팅에 차이를 줄 수 있고, 로스팅에서의 불균형은 음료의 맛과 향에 영향을 끼칠 수 있다.

생두의 크기는 스크리너라는 체나 스크린 분류 기계를 통해 진행된다. 생두의 크기를 잴 때는 스크린 사이즈 Screen size라는 단위를 사용하는데, 1스크린 사이즈는 1/64인치를 의미하며 0.397mm에 해당한다. 크기를 재는 부분은 커피의 가로 지름이다.

스크린 사이즈를 측정하는 방법은 사이즈가 다른 스크린 체를 아래로 갈수록 작아지게 겹쳐놓고, 샘플(300g, 정상두)을 부어 흔들어 남아 있는 상태를 파악해서 사이즈를 결정한다. 일반 생두용 체는 원형, 피베리 생두용 체는 사각형으로, 측정하는 생두에 따라 스크린 체를 바꾸어 준다.

생두의 크기는 평균적으로 스크린 사이즈 15 정도이고, 고급 커피의 경우는 스크린 사이즈가 17을 넘으며 또한 사이즈가 균일하다.

생두의 크기로 등급을 결정하는 대표적인 곳은 콜롬비아이며, 생두의 크기를 등급 결정 기준으로 사용하는 나라들의 등급 체계를 정리하면 다음과 같다.

국가명	등 급	스크린 사이즈
콜롬비아	Supremo	17 이상
	Excelso	15~17
케 냐	AA	17~18
	AB	15~16
	C	14~15
하와이	Kona Extra Fancy	19
	Kona Fancy	18
탄자니아	AA	18
	A	17

스크리너

밀도 분리기

(2) 재배 고도

커피의 재배 고도는 커피의 성장과 맛에 영향을 준다. 재배지의 고도가 높을수록 일교차가 확연하고 평균 온도는 낮으므로 열매는 천천히 여문다. 결실 기간이 길어지면 그만큼 맛과 향의 요소들이 많이 결집할 수 있다. 높은 고도에서 재배된 커피는 저지대 커피보다 단단하며 관능 검사에 있어서도 높은 평가를 받는다. 재배 고도별 등급 기준표는 나라마다 다르고 명칭 또한 일정하지 않다.

다음은 재배 고도를 생두 등급 결정 기준으로 삼는 나라들의 등급 체계를 정리한 것이다.

국가명	등급 명칭	재배 고도
멕시코	SHG(Strictly High Grown)	1,700m 이상
	HG(High Grown)	1,000~1,600m
	PW(Prime Washed)	700~1,000m
과테말라	SHB(Strictly Hard Bean)	1,350m
	HB(Hard Bean)	1,200~1,350m
	EPW(Extra Prime Washed)	900~1,200m
엘살바도르	SHG(Strictly High Grown)	1,200m~
	HG(High Grown)	900~1,200m
	CS(Central Standard)	600~900m
온두라스	SHG(Strictly High Grown)	1,200m~
	HG(High Grown)	900~1,200m
	CS(Central Standard)	600~900m
코스타리카	SHB(Strictly Hard Bean)	1,200~1,700m
	GHB(Good Hard Bean)	1,200~1,500m
	MHB(Medium Hard Bean)	800~1,200m
	HB(Hard Bean)	800~1,200m

(3) 결점두Defect bean에 의한 분류

생두에 있어 결점두나 이물질은 품질을 평가하는 중요한 기준이 된다. 다양한 종류의 결점두는 커피의 향미에 안 좋은 영향을 끼치게 된다.

주로 내추럴 커피를 생산하는 국가에서 주로 이 방법을 통해 등급을 나누고 있는데, 에티오피아, 브라질, 예멘 등지에서 각 나라별 결점두 환산 기준을 마련해 결점두의 점수를 매겨 등급을 매기고 있다.

국가명	등급 명칭	결점두(이물질)의 수	구 분
에티오피아	Grade 1	0~3/300g	습식법
	Grade 2	4~12/300g	
	Grade 3	13~27/300g	건식법
	Grade 4	28~45/300g	
	Grade 5	46~90/300g	
브라질	NY 2	4/300g	
	NY 3	12/300g	
예 멘	Grade 1~Grade 8		
인도네시아	Grade 1~Grade 6		

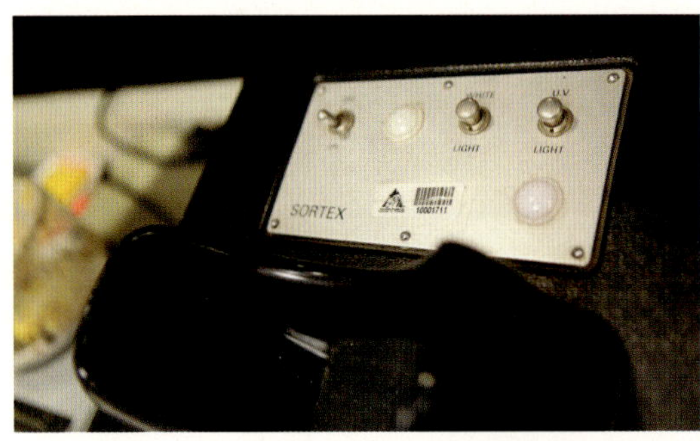

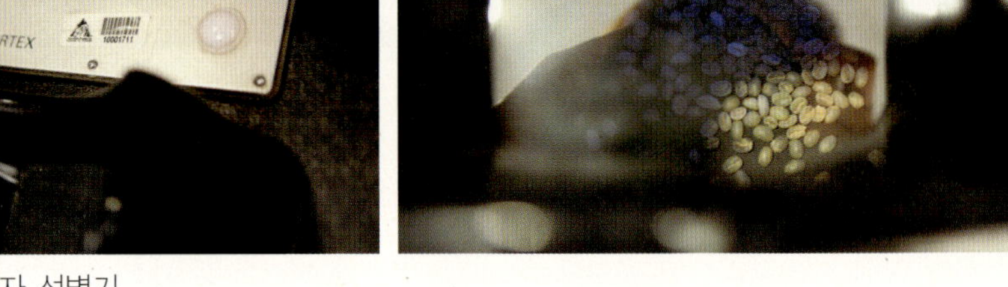

전자 선별기

결점두 분리 중

🪴 결점두의 발생 원인 및 특성

재배 환경에 의해 생기는 결점두

결점두	발생 원인	특징 및 맛
Black bean	생두 내 곰팡이 침투	검은 표면을 가진 생두를 가리키며, 너무 자극적인 맛과 잿가루 맛을 낸다.
Insect-damaged bean	해충에 의해 구멍이 난 콩	생두 표면에 동그란 구멍이 나 있으며, 정상 콩보다 강하게 로스팅된다.
Shell	성장 과정 중 유전적인 변형	• 조개와 귀 모양의 기형 형태를 가지고 있으며, 로스팅 시 잘 부스러짐. • 낮은 산도와 자극적이지 않은 맛

수확 과정에서 생기는 결점두

결점두	발생 원인	특징 및 맛
Immature/Unripe	덜 익은 상태에서 수확	• 주름진 표면을 가지고 있고, 은피(실버스킨)가 단단하게 붙어 있음. • 떫은맛과 쓴맛을 연출
Quaker	덜 익은 체리	• 로스팅 시 충분히 열 전달이 안 되어 밝은 갈색을 띤다. • 자극적이지 않은 맛과 쓴맛을 초래
Rioy bean	너무 많이 익은 체리를 수확할 경우	약맛이나 요오드맛
Sour bean	• 땅에 떨어진 체리를 수확 • 오염된 물로 가공할 때, 과육 상태에서 발효된 경우	신맛이나 발효된 맛
Foreign matter	• 수확이나 선별 과정에서 제대로 분리해내지 못한 경우 • 돌, 나뭇가지 등 커피 이외의 이물질	그라인더 날에 심각한 손상을 입힐 수 있다.

가공 과정에서 생기는 결점두

결점두	발생 원인	특징 및 맛
Moly bean	잘못된 건조에서 발생	곰팡이맛
Earthy bean	젖은 땅에서 건조할 경우	흙맛
Hull/Husk	내추럴 가공에서 잘못된 탈곡이나 선별 과정에서 발생되는 부분적으로 마른 체리 또는 파치먼트	나무맛, 흙맛, 페놀맛
Parchment bean	탈곡 과정이 잘못 이루어졌을 때 발생	로스팅 시 발화 위험이 있다.

사진으로 보는 결점두 종류

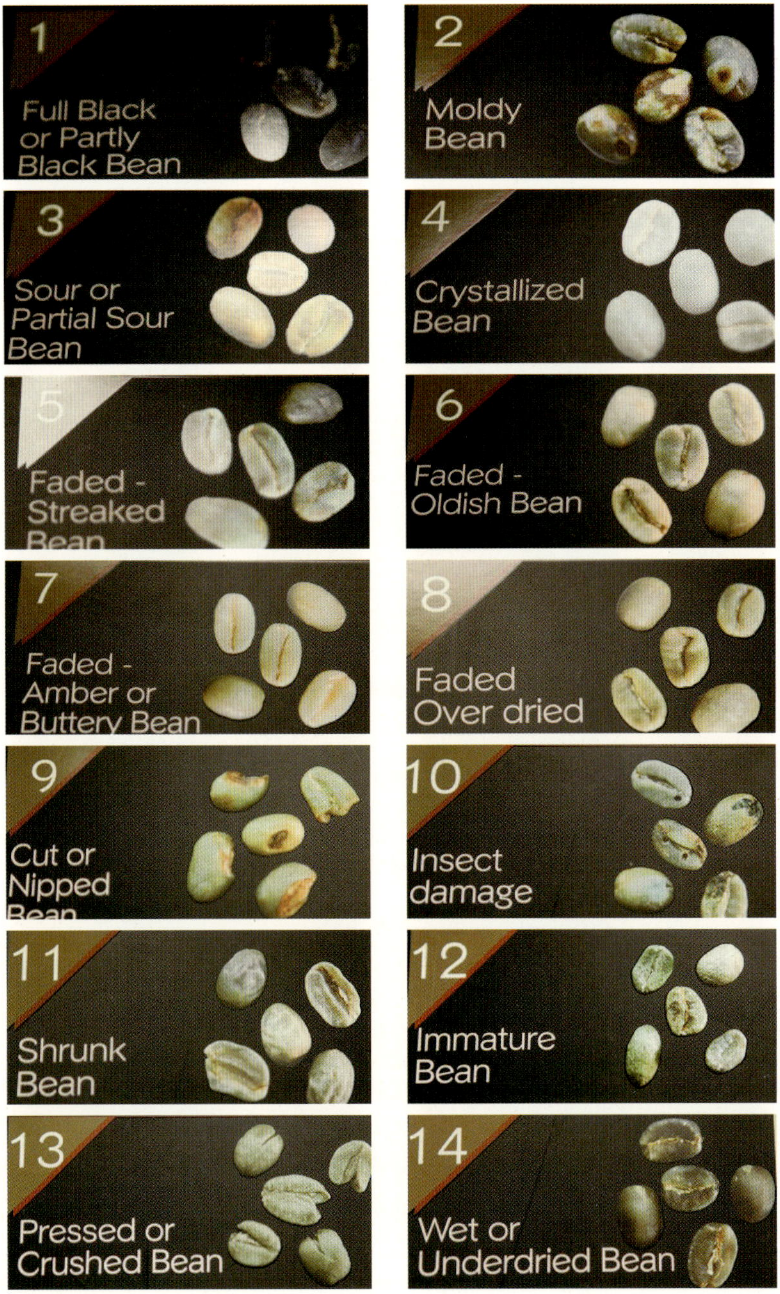
1
Full Black or Partly Black Bean
2
Moldy Bean
3
Sour or Partial Sour Bean
4
Crystallized Bean
5
Faded - Streaked Bean
6
Faded - Oldish Bean
7
Faded - Amber or Buttery Bean
8
Faded Over dried
9
Cut or Nipped Bean
10
Insect damage
11
Shrunk Bean
12
Immature Bean
13
Pressed or Crushed Bean
14
Wet or Underdried Bean

(4) SCAA 기준 분류법 Specialty Coffee Association of America

이 분류법은 외형적 결점 사항과 함께 추출된 커피의 품질까지도 고려하여 생두의 등급을 나누는 분류법이다. 가공이 끝난 생두를 스크린을 이용하여 크기를 잰 후 무게, 비율을 확인한다. 그 다음 불량두나 이물질 등을 검사하고 생두를 로스팅한 뒤 컵 테스트를 통해 커피의 맛과 향까지 검사하는 방법이다.

다음은 이 분류법의 등급 체계를 표로 정리한 것이다.

등 급	등급 기준
Specialty Grade (Grade 1)	• 350g 안에 5개 이내의 Full-Defects가 있으나, Primary-Defects는 허용되지 않음. • 썩거나 부패한 생두는 허용되지 않음. • Quaker(덜 성숙된 생두) 1개도 허용되지 않음(원두 100g당). • 생두의 크기는 95%가 18 스크린 이상 • 함수율은 9~13% 이내 • Body, Flavor, Aroma, Acidity 중 1가지 이상은 특징이 있어야 함.
Premium Grade (Grade 2)	• 350g 안에 8개 이내의 Full-Defects가 있으나, Primary-Defects는 허용되지 않음. • 썩은 생두는 허용되지 않음. 단, Quaker(덜 성숙된 생두)는 3개까지 허용됨. • 생두의 크기는 95%가 17 스크린 이상 • 함수율은 9~13% 이내 • Body, Flavor, Aroma, Acidity 중 1가지 이상은 특징이 있어야 함.
Exchange Grade (Grade 3)	• 350g 안에 9~23개 이내의 Full-Defects가 있으나, Primary-Defects는 허용되지 않음. • 썩은 생두는 허용되지 않음. 단, Quaker(덜 성숙된 생두)는 5개까지 허용됨. • 생두의 크기는 50% 이상이 15 스크린 이상이고, 95% 이상이 14 스크린 이상 (14 스크린 미만은 5% 미만) • 함수율은 9~13%
Below Standard Grade (Grade 4)	• 350g 안에 24~86개 이내의 Full-Defects가 있으나, Primary-Defects는 허용되지 않음.
Off Grade (Grade 5)	• 350g 안에 87개 이상의 Full-Defects가 있으나, Primary-Defects는 허용되지 않음.

SCAA 기준 Full Defect 환산표

Primary Defects	Full Defect
Full black	1
Full sour	1
Dried cherry/Pod	1
Fungus damaged	1
Severe insect damaged	5
Foreign matter	1

브라질, 뉴욕 Defect 환산표

구 분	브라질		뉴 욕	
	Defect	개수	Defect	개수
Stone, Twig, Hull(Large)	5	1		
Stone, Twig, Hull(Medium)	2	1		
Stone, Twig, Hull(Small)	1	1		
Cherry	1	1		
Large husk	1	1		
Black bean	1	1	1	1
Half black bean	1	1	1	2
Sour bean Parchment bean	1	2		
Small husk	1	2~3		
Shell	1	3	1	3
Unripe bean Quaker	1	5		
Eaten bean	1	2~5		
깨진 열매Broken bean	1	5	1	5
마른 열매Dried-out bean			1	5
미성숙두 Undesirable bean			1	5

커피의 포장 & 유통

분류된 생두는 보관과 운반, 거래의 편의성을 위해 커피 백Bag으로 포장된다. 포장재는 여러 층을 겹겹이 쌓을 수 있도록 내·외부 압력을 잘 견뎌내며 힘을 잘 분산시켜 생두가 으스러지지 않도록 해야 한다. 물론 생두의 원활한 호흡 작용에 영향을 주어 이취가 발생되지 않는 재질이어야 한다. 또한 습도와 온도 변화에서 생두의 변질을 보호해주는 재료가 좋고 주로 양마, 황마 등이 사용된다.

자메이카의 블루마운틴Blue Mountain 경우에는 오크 나무통으로 포장해서 유통되기도 한다. 나무 자체는 생두의 품질 보호면에서는 도움이 되겠지만 운반과 적하에 있어서는 별 도움이 되지 못한다. 이는 실용적인 목적보다는 브랜드의 가치를 위해서인 경우가 많다.

국제적인 표준 단위는 1백Bag당 60kg이지만, 콜롬비아, 블루마운틴은 70kg처럼 국가별 포장 단위는 다양하며 최근에는 소비국에서 요청하는 단위로 소분해서 포장되기도 한다.

커피 백의 이동 모습

커피 백 포장

최첨단 커피 백 포장기

커피 백에는 농장 명칭, 등급, 생산 연도, 가공법, 처리 장소, 나라별 코드, 하역 장소, 상표 등 생두에 대한 간략한 정보를 표시하는데, 이들은 생두의 품질을 가늠하는데 중요한 자료가 된다.

상표는 해당 상품의 명칭을 나타낸다. 명칭은 현재 대부분의 경우 산지의 나라 이름을 사용하지만, 지역별로 고유한 상품명이 널리 알려져 있는 경우, 해당 지방 명칭을 대신하기도 한다. 스페셜티Specialty 커피에 있어서는 국가 명칭 뒤에 고유의 브랜드 네임Brand name을 덧붙이기도 한다.

상표 아래쪽에는 생두의 품종과 등급, 처리 방식 및 하역 장소에 관한 정보가 들어 있다. 인도네시아와 같이 아라비카와 로부스타가 동시에 생산되는 나라에서는 품종을 커피 백에 명기하며, 그 외 버번Bourbon 품종과 같은 희소가치가 높은 생두일 경우 '100% Genuine Bourbon'과 같은 내용이 들어가기도 한다. 케냐와 킬리만자로의 커피 백에서는 AA, AB 등과 같은 등급을 발견할 수 있다.

물론 라벨은 무역에서 상품을 알리는 목적으로 사용되므로, 산지와의 직접 계약을 통해 수매하는 회사들은 자사의 로고를 표시하기도 한다.

커피는 생산국과 소비국이 일치하지 않는 대표적인 상품이며, 석유나 석탄과는 달리 지역별, 품종별 차이가 존재하고 상품마다 특성이 다르다. 예들 들면 콜롬비아의 커피는 에티오피아 커피와는 맛과 향이 판이하게 다르다. 더구나 같은 지역의 커피라도 생산지 환경에 따라 맛과 향의 차이가 날 수 있다.

커피의 이러한 차이는 상품에서는 브랜드의 차이로 나타난다. 소비자는 특정 브랜드에 대해 높은 선호를 지니고 있고, 스페셜티 커피에 대한 높은 선호로 인해 스페셜티 커피와 일반 커피는 가격에 있어 큰 격차를 나타낸다.

일반 커피가 상품의 공급과 수요의 일반 원리에 가깝게 가격과 수량의 상호 균형을 이루는 반면, 스페셜티 커피의 경우는 소수 브랜드의 과점에 가까운 독점적 공급 경쟁 형태로 이루어져 있다. 이러한 공급 형태로 인해 상대적으로 높아진 수요 초과분은 희소성으로 이어져 다시 가격 상승의 요인이 된다. 신흥 브랜드들은 국가 및 특화 단체의 집중적인 자본과 기술력에 의해 이러한 고급 시장에 진입하기 위하여 Conference, Auction 및 여러 매체를 통하여 자신의 커피를 선전하고 있다.

일반 커피에 있어 가격 형성은 두 가지로 나뉜다. 콜롬비아나 케냐의 경우, 민관 합동 기관이 있어 그 기관에서 커피를 구매하여 경매를 진행한다. 기관은 생산자의 커피를 수합하여 등급을 정하고 생산자에게 가격을 제시한다. 가격은 선물 시장에서 형성되는 바에 의하며 생산자와 소비자는 이에 따르게 된다. 기관은 커피를 경매에 부쳐 해외로 수출하게 된다.

Coffee Auction 시장은 뉴욕과 런던에서 열린다. 과거 세계무역센터에 있던 뉴욕 경매 시장은 아라비카 마일드(Colombia, Other, Brazil)를 다루며, 런던 시장은 로부스타Robusta를 주로 다룬다. 상품은 국가별 품목과 이들의 출하 시기로 구분되어 설정되며, 각각의 결과는 총 주가와 같이 환산되어 표시된다.

일반 커피에 있어서는 대형 생산국의 작황이 가격 형성의 주요 원인이 된다. 커피를 소비지에서 즐기기 위해선 생두, 원두, 분쇄두, 음료 등의 형태로 생산지에서 소비지로 국제적인 운반 체계에 의해 이동된다.

보통 해상과 항공 운송을 통하는데 해상 운송은 컨테이너 단위로 적하한 커피는 배를 통해 이동된다. 이 방법은 단위 무게당 비용이 가장 싼 운송 방법이나 다소 긴 시간이 소요된다. 주로 산지에서 선적되면 2~3주 정도 소요된다. 특히 열대 지역의 고온 다습한 환경은 생두의 변질에 아주 위험한 영향을 끼친다. 이러한 점을 고려해서 커피 품질을 위해 다소 비용이 비싸더라도 냉장 컨테이너로 운반되기도 한다.

항공 운송은 며칠만에 빠르게 배송받을 수 있다는 장점과 커피 품질을 보장받을 수 있지만 많은 양의 이동과 비용이 해상 운송보다 월등히 비싸다.

출하 직전 커피 백

☕ 커피 산업의 신경향

국제적으로 커피 산업이 발전하고 소비가 늘어남에 따라 커피가 미치는 사회적, 환경적인 영향에 관심이 증가되고 있다. 이러한 관심들은 환경의 파괴 없이 생산지와 소비자 간의 지속적인 발전 가능성과 다양한 커피 품질을 위해 인증 제도가 도입되고 실행되었다.

서로 간의 지속 가능성을 위한 국제적인 인증 제도는 다음과 같다.

① UTZ 인증 UTZ Certified

UTZ는 유럽에서 인증하는 기관으로 UTZ란 의미는 마야 언어로 'good'이란 뜻이다. UTZ는 커피 생산에 관해 세계적인 인증 프로그램을 실시하고 있으며, 세계 커피 산업 발전에 기여하고 있는 기관이라고 할 수 있다. 이 기관은 인증된 기관들에게 기술적인 지원 및 커피 농장 경영에 능률을 높일 수 있게 컨설턴트 역할을 하고 있다.

UTZ 인증을 받은 커피는 환경적, 지역적으로 우수 농산물 생산 시스템에 따라 재배되었다고 볼 수 있으므로, 100% 유로 갭의 '커피 기준 규범'과 더불어 커피 생산에 있어 사회적, 환경적 조건을 인증한 것이라 말할 수 있다.

② 유기농 Organic 커피

유기농 커피란 유기 비료, 유기 살충제를 사용해서 재배한 커피를 일컫는 말이다. 즉, 비료나 살충제를 전혀 사용하지 않고 자연 그대로 경작을 한다는 의미이다. 요소, 과망간산칼륨 등의 무기 비료를 사용하지 않고 재, 퇴비 등을 사용하며, 살충제는 천적 곤충인 무당벌레, 사마귀, 거미 등을 이용하여 경작한 커피를 통틀어 말한다.

커피 산업에 있어 이 의미는 기술과 자본의 집적으로 대형 플랜테이션에서 존재한다. 전통적인 방식으로 커피를 경작하는 농장 또는 영세하거나 교통 수단이 발달되지 않은 곳의 농장에선 자연스럽게 유기농으로 경삭을 하고 있다(주로 숲에서 떨어지는 나뭇잎들이 썩어 자연 비료로 활용된다). 주로 유기농 커피를 내세우는 커피는 신흥 농장의 홍보 수단일 경우가 많다.

③ 공정 거래 Fair trade 커피

커피 생산지와 소비자 간에 공정한 거래가 이루어져 유통되는 커피를 말하며, 커피 농장에서 공정한 가격을 보장받을 수 있게 한다.

일반적으로 커피 농장의 노동자들이 하루에 받는 수당은 3~4달러에 불과하고 그나마 이것도 수확 철에만 가능하다. 또한 커피 산지는 교통이 불편하고 고산 지대에 위치한 곳이 많아 의료, 교육, 문화 등의 혜택을 받기 어려운 실정이며, 다수가 영세농이라 커피 품질을 위한 신기술을 도입하긴 너무나도 어려운 상황이다. 이러한 산지의 상황들이 반복되는 것을 극복하기 위해 'Fair trade 운동'이 시작되었다.

이러한 공정 거래를 통해 발생되는 수입은 대부분 농장의 노동자들의 삶의 질 향상과 좋은 커피 품질을 위한 기술력 향상에 사용되며, 국제공정무역기구Fairtrade Labeling Organizations International의 인증 기준에 의해 인증된다.

④ 열대우림동맹Rainforest Alliance

열대우림동맹은 국제 비정부 기관으로서 농업의 발전을 통해 사라져가는 다양한 생물과 토양 보존을 위해 설립된 단체이며, 주로 코코아, 커피, 과일, 차 등의 농산물에 인증을 준다.

전 세계적으로 농업으로 인해 토양과 물 오염, 농약 사용으로 생태계가 파괴되고, 농민들의 반복되는 빈곤한 생활의 개선을 위해 지속 가능한 농업을 주요 업무로 삼고 있다.

이 인증을 받은 커피는 단순히 소비자의 건강을 지키는 의미보다 미래 세대를 위해 친환경 농법으로 커피를 재배하고 생태계 보존까지 큰 의미를 가지고 있다. 이 기관의 관계자들은 농장의 모든 작업 환경과 야생 동물과 식물의 서식지까지 섬세하게 평가한다. 이 인증을 받기까지는 몇 년이라는 시간이 걸린다.

⑤ 버드 프렌들리Bird Friendly

버드 프렌들리 인증은 커피 나무를 경작할 때 커피 나무 이외의 키가 큰 나무를 심어 경작하는 그늘 경작법에 의해서 다양한 새들의 서식지가 새롭게 제공되고, 유기농 커피를 재배할 수 있는 환경에서 재배되는 커피에 주는 인증 제도이다.

3. 커피 존

브라질Brazil

생산 포장 단위	60kg 자루 / bag
종	아라비카 및 로부스타
주요 생산 지역	파라나(Parana), 상파울루(São Paulo), 미나스 제라이스(Mianas Gerais), 이스피리투 산투(Espirito Santo), 바이아(Bahia) 등
수확 시기	5~9월
가공법	건식법 90%, 펄프 건조법 5%, 습식법 5%

브라질은 세계 5위의 국토 면적을 가지고 있는 나라로서 국토의 90% 가량이 적도와 남회귀선 사이에 위치하고 있어 열대성 기후를 가지고 있다. 북부 및 북동부 일부 지방의 경우 적도성 기후를, 북동부 일부를 비롯하여 중서부와 남동부 일대가 열대성 기후를 나타내며, 남부는 아열대 기후를 보이고 있다.

국토 면적의 30%가 농지, 70%가 산림지로 구성되어 있다. 아마존 지역의 넓은 고원 지대와 세계에서 가장 큰 강인 아마존 강을 끼고 있고, 고지대와 저지대 등 다양한 지형적 특징을 가지고 있다.

전 세계 생산 커피 중 약 70% 이상을 차지하는 생산국으로 브라질의 커피 작황 상태에 따라 커피 가격이 큰 영향을 받는다.

브라질은 약 90여 개 커피 생산국 중에서도 이상적인 여건을 갖추고 있다. 천혜의 토양 및 기후 조건, 넓은 땅, 뛰어난 영농법과 지속적인 품종 개량, 과학적인 생산 방식과 가공 기술은 브라질 커피 산업의 원동력이 되었다. 하지만 일반적으로 저지대에서 재배되어 뚜렷한 개성보다 무난한 느낌이 강한 마일드 커피이다.

커피가 주로 생산되는 지역은 고원 지대인 남동부 산악 지역으로, 상파울루 주, 미나스 제라이스Minas Gerais 주에 걸쳐 해발 고도 600~1,500m에 달하는 짧은 산맥으로 둘러싸여 있다. 대부분 아라비카 품종이 생산되며, 아열대 및 준 사막성 기후를 가진 바이아Bahia 주와 이스피리투 산투Espirito Santo 주에서 로부스타 품종의 커피가 일부 생산된다.

커피가 생산되는 총 16주이지만 주요 생산 주는 5개주로 파라나, 상파울루, 미나스 제라이스, 이스피리투 산투, 바이아 등이다.

브라질 커피의 향미의 특징은 균형 잡힌 맛과 미디엄 바디와 단맛의 느낌이 강하다. 넓은 평지에 대규모 농장 단위로 생산을 하다 보니 생산량이 전 세계 1위, 부동의 자리를 차지한다. 주로 건식법으로 가공을 진행하기 때문에 특유의 텁텁한 맛이 날 수 있으나, 부드러운 바디와 조화로운 맛 때문에 블랜딩할 때 주 베이스로 사용되기도 한다.

농장명	세부 사항
Fazenda Cachoeira Da Grama	• 지역 : 상파울루, 모지아나 • 농장 규모 : 166ha • 인증 : UTZ Certified • 수상 경력 : Ill'ys Competition 1999 • 커피 품종 : 문도노보, 버번 • 생산 고도 : 1,100~1,250m • 연평균 기온 : 19℃ • 가공법 : 내추럴, 펄프드 내추럴
Cia. A Monte Alegre	• 지역 : 미나스 제라이스, 술 지 미나스 • 농장 규모 : 2,552ha • 인증 : UTZ Certified, Rainforest Alliance • 수상 경력 : Late Harvest Competition 2007 1위 • 커피 품종 : 문도노보, 카투아이, 버번, 루비 • 생산 고도 : 900~1,200m • 가공법 : 내추럴, 워시드, 펄프드 내추럴
Alfenas Cafe	• 지역 : 미나스 제라이스, 술 지 미나스 • 농장 규모 : 492ha • 인증 : UTZ Certified • 커피 품종 : 문도노보, 카투아이, 엘로루 이카투, 버번 • 생산 고도 : 1,000~1,200m • 가공법 : 내추럴, 펄프드 내추럴, 워시드
Fazenda Santa Izabel	• 지역 : 미나스 제라이스, 술 지 미나스 • 가공법 : 내추럴, 펄프드 내추럴
Daterra Atividades Rurais	• 지역 : 미나스 제라이스, 세하두 • 인증 : UTZ Certified, Rainforest Alliance • 생산 고도 : 1,150m • 연평균 기온 : 22℃ • 커피 품종 : 티피카, 버번, 카투라, 문도노보, 이카투, 카투아이 • 가공법 : 내추럴, 펄프드 내추럴

브라질 스페셜티 커피협회 BSCA

브라질 스페셜티 커피협회는 12개의 농장주들이 모여 고품질의 커피를 생산하고 브라질 커피를 알리기 위해 설립되었다. 2만 개가 넘는 농장 중에서 BSCA 인증을 받은 스페셜티 커피를 생산하는 농장은 48곳밖에 되지 않는다. BSCA는 우수한 농장들만의 멤버를 만들기 위해 좋은 품질을 생산해내는 농장들을 엄격히 선별하고 있다.

특히 BSCA는 '컵 오브 엑셀런스'와 '내추럴 수확대회'를 주최하여 브라질 커피의 품질 향상에 기여하고 있다.

BSCA의 스페셜티 커피 인증 방법은 다음과 같이 두 가지로 시행된다. 이 두 가지를 모두 받아야 스페셜티 등급으로 인증받을 수 있다.

① 커피 품질 인증 Coffee Quality Certification
- 수분 함량 12% 이내
- 300g 기준으로 NY 2/3 등급 이상 되면 시음 평가
- 컵핑 점수 80점 이상

② 커피 생산 관리 인증
- 커피의 품질과 맛뿐만 아니라 어떤 단계를 거쳐 수확되는지를 보는 생산 경영 인증을 받아야 스페셜티 커피 등급을 받을 수 있다.
- 총 161개의 체크 리스트를 거쳐야 한다.

콜롬비아 Colombia

생산 포장 단위	70kg 자루 / bag
종	아라비카 100%(버번, 티피카, 카투라)
주요 생산 지역	후일라, 마니살레스(Manizales), 메델린(Medelin), 산타 마르타(Santa Marta) 등
수확 시기	계절별로 고르게 분포
가공법	습식법 100%

콜롬비아는 남쪽에 페루, 북서부에 베네수엘라, 남서부에 브라질과 국경을 맞대고 있는 남아메리카 북서부에 위치한 국가이며 수도는 보고타이다. 커피는 전체 수출품 중 50% 이상 차지할 정도로 중요하다.

콜롬비아 커피는 안데스 산맥을 중심으로 비옥한 토양에 높은 고도에서 재배되기 때문에 그린빈이 단단하고, 수세 건조 방식을 채택하여 수분 함량이 약 16% 내외이며, 수분 분포가 일정하여 대체로 짙은 녹색을 띠는 것이 특징이다. 이러한 가공 방식으로 부드러운 산미와 감칠맛이 나는 마일드 커피의 대명사로 통하며 맛과 향미가 어느 한쪽에 치우치지 않고 밸런스가 좋다.

콜롬비아 커피 산지는 안데스 산맥을 중심으로 대부분 서쪽 지역에서 남북으로 고르게 재배되고 있어 수확 시기가 계절별로 고르게 분포한다. 북부 지역은 9~12월, 4~5월, 3~7월, 8~11월, 남부 지역은 3~7월에 주로 수확된다. 우기가 지역별로 다르다는 기후적 이점을 통해 수확 시기가 길기 때문에 지역별로 다양한 맛과 향미의 그린빈을 1년 내내 수확할 수 있다. 단일 품종의 재배 면적이 넓기 때문에 스트레이트 커피의 활용도가 높고 스페셜티 커피를 보편화시킨 나라이기도 하다. 아라비카 커피 수출과 습식 가공 커피 생산 1위 국가이다.

콜롬비아 커피는 F.N.C(Federacion Nacional de Cafeteros de Colombia)의 관리 감독하에 철저한 품질 검사를 통과한 커피만이 출하되며, 스크린 사이즈 13 이하는 수출이 금지되어 있다.

콜롬비아생산자연합회에서 생산하는 모틸론 수프레모 커피는 산테레르 북쪽에서 재배된다.

해발 고도 1,500~1,700m에서 자라는 아라비카 티피카 품종으로 9~12월까지 수확된다. 그늘에서 자라나는 모틸론 커피는 햇볕 건조 방식으로 가공된다. 평균적으로 그린빈의 스크린 사이즈는 17이며 가격 대비 안정성이 높기 때문에 에스프레소용 베이스로도 활용도가 높다. 바디가 뛰어나고 초콜릿 맛이 나는 것이 특징이며, 모틸론의 어원은 인디언이 사용하던 옛 지명을 뜻한다.

과테말라 Guatemala

생산 포장 단위	69kg 자루 / bag
종	주로 아라비카(버번, 카투아이, 카투라, 마라고지페), 소량의 습식 로부스타
주요 생산 지역	안티구아(Antigue), 코반(Coban), 우에우에테낭고(Huehuetenango), 산타 로사(Santa Rosa), 산 마르코스(San Marcos) 등
수확 시기	8월~9월~4월까지
가공법	습식법 100%

총면적이 108,889km인 과테말라는 시에라 마드레Sierramadore 산맥을 포함한 큰 산맥이 교차하고 있는 지형 때문에 커피 나무는 대부분 지역에서 자라날 수 있다. 대서양과 태평양, 큰 분화구 호수, 평원, 높은 산맥들의 주요한 지리적 요인들이 겹쳐 커피 나무를 재배하는 데 아주 이상적인 환경과 기후를 수없이 만들어내고 있다.

이러한 다양한 기후와 환경 때문에 각 지역마다 개성이 있는 커피의 향미를 만들어내고 좋은 품질의 커피를 생산해낼 수 있다. 과테말라에서 좋은 품질의 커피는 주로 강수량이 1,300mm 이상 되는 곳에서 재배되고, 98% 이상 그늘 경작법, 습식법으로 가공된다.

과테말라 커피의 특징은 바디가 풍부한 부드러움과 화산 토양에서 베어나오는 스모크한 향을 가지고 있다고 하지만, 근래 들어와 베리와 감귤에서 느껴지는 신맛이 마치 케냐를 마시는 듯해서 커피 전문가들에게 호평을 받고 있는 커피 중 하나이다.

과테말라의 전국커피협회Anacafe는 정부 기관으로 1960년에 설립되었으며, 약 9천 명의 커피 생산자를 대표하고, 이곳은 약 2백 50명의 과테말라 시민들과 7개 지역의 사무소에 걸쳐 실험 연구원, 교육자, Cuppers 등 및 마케팅 담당자들이 과테말라 커피 산업에 관한 모든 일을 하고 있다.

Anacafe는 커피 생산 및 처리, 시장 데이터 및 분석, 지속적인 실험 테스트 및 커피 준비의 교육 훈련에 대한 과학적 연구와 기술 지원을 제공한다. 지역별 명칭을 브랜드로 사용하는 커피는 정기적으로 엄격한 품질 및 향미 테스트를 받아 일정 기준 이상을 통과하도록 하고 있다.

또한 Anacafe는 기후, 토양 및 고도에 따라 커피 재배 지역을 정의하기 위해 선구적인 노력을 꾸준히 해왔고, 이러한 프로젝트 결과 SHB을 생산하는 지역을 8개로 구분지어 정의를 내렸다.

8개 지역의 커피는 다음과 같다.

지　역	특　징
Acatenango Valley	향미 특징 : 산미, 향기로운 아로마, 균형 잡힌 바디, 깔끔한 Finish 아카테낭고Acatenango Valley는 최근 세계적인 과테말라의 커피에서 발견된 보석이라 한다. 1880년대 이래 농민들은 2,000m 높은 곳까지 밀집된 그늘 아래에서 커피를 재배해 왔고, 그들이 일구어낸 삼림은 선물과도 같다. 인근 푸에고 화산에서는 항상 분화가 일어나 미네랄이 가득한 토양이 공급된다. 태평양에서 불어오는 잔잔한 바람과 뚜렷한 계절은 커피가 자연 건조되게 하고 가족 단위의 농장을 일구어낸다.

Antigua Coffee	**향미 특징 : 우아하고 잘 균형 잡힌 풍부한 아로마와 매우 달콤한 맛** 영양이 풍부한 화산 토양과 낮은 습도, 높은 일조량과 시원한 밤은 안티구아 Antigua 지역 커피의 특징이다. 이 지역은 아구아, 아카테낭고, 푸에고 화산에 둘러싸여 있고 과테말라의 3대 활화산 중 하나인 푸에고 화산은 안티구아 토양에 미네랄이 풍부한 화산재를 공급해준다. 화산토인 부석이 토양 속에서 수분을 유지해주기 때문에, 우기에 안티구아는 강우량이 낮음에도 불구하고 물이 부족하지 않다. 안티구아의 차광 나무는 자주 오는 서리의 피해를 막아준다.
Traditional Atitlan	**향미 특징 : 씨트러스한 향과 화사한 신맛의 느낌과 풀 바디의 여운** 과테말라의 다섯 개 화산 커피 산지 중, 아티틀란의 토양은 유기 물질의 함량이 가장 높다. 아티틀란산 Atitlan 커피의 90%는 아티틀란 호숫가와 만나는 화산의 거친 경사면에서 재배된다. 거의 매일 불어오는 바람(Xocomil이라고 부름)은 차가운 호숫물을 교반하여 이 지역의 미기후 생성에 큰 영향을 주고 있다. 전통적으로 장인 기술이 높이 발달했으며, 이는 소규모 커피 생산자들의 숙련된 재배와 가공하는 기술에도 반영되어 있다.
Rainforest Coban	**향미 특징 : 신선한 과일의 맛과 조화로운 여운과 바디** 코반 Coban은 구름이 많고, 비가 많이 오며, 연중내내 서늘하며, 토양은 석회질 점토이다. 레인포레스트 코반 Rainforest Coban 커피의 대부분은 이 지역의 특이한 굽이진 언덕, 대서양쪽 분지의 열대성 기후 아래에서 재배된다. 코반은 우기와 강한 우기의 두 시즌을 가지고 있다. 코반 지역에서는 조밀한 구름 층에 의해 만들어진 미세한 안개가 빈번히 이 지역을 뒤덮는데, 이 기후 현상을 '치피치피 Chipichipi'라고 부르며 널리 알려져 있다.
Fraijanes Plateau	**향미 특징 : 지속적인 산미, 향기가 뚜렷한 바디** 화산성 부석 토양, 높은 고도, 높은 강우량, 수직으로 분포하는 습도, 활동적인 화산이 특징적인 지역이다. 과테말라 3대 활화산 중 가장 활동성이 강한 파카야 Pacaya 화산은 이 지역에 빈번하게 일어나는 화산으로, 화산재를 공급해 토양에 중요한 미네랄을 보충해준다. 건기에는 일조량이 풍부하며, 새벽이면 구름과 안개가 가득하지만 태양이 프라이하네스 플래토 Fraijanes Plateau 커피를 일광, 건조되게 도와준다.
Highland Huehue	**향미 특징 : 강렬한 산미, 풍부한 바디, 깔끔한 와인 향** 화산이 없는 커피 재배지이며, 커피가 재배되는 가장 높고 건조한 지역이다. 멕시코 테완테팩 Tehuantepec 평원에서 불어오는 건조한 열풍의 영향으로 이 지역은 서리의 피해가 없고, 해발 2,000m 이상에서도 커피가 재배될 수 있다. 하이랜드 휴휴 Highland Huehue는 농장이 서로 너무 멀리 떨어져 있기에 농장들은 자체적으로 커피를 가공하고 정제해야 한다. 다행히 이 지역에는 풍부한 강과 개울들이 많아, 어디에든 커피 가공소를 지을 수가 있다.
New Oriente	**향미 특징 : 조화가 잘 이루어졌고, 풍부한 바디와 초콜릿 향미** 1950년대 이래 이 지역에서는 거의 대부분이 소규모 단위로 커피가 생산되었다. 오

	늘날 이 지역 산지의 모든 농장은 커피 생산 단체를 구성하고 있다. 한때는 과테말라에서 가장 가난하고 가장 고립된 지역이었는데, 현재는 활기가 가득하고 지속적인 성장을 하는 지역이다. 비가 오는 흐린 날이 많은 오리엔테 Oriente는 과거 화산 지대였던 장소에 위치해 있다. 토양은 변성암으로 이루어져 있어 미네랄이 풍부하고 지속적인 화산 활동 지역으로 타 지역과의 토양이 매우 다르다.
Volcanic San Marcos	향미 특징 : 향미에서 꽃향기가 느껴지며, 밝은 산미와 바디 산 마르코 San Marcos는 8개의 커피 재배지 중 가장 따뜻한 지역으로 강우량도 가장 많다. 일부 지역의 강우량은 5,000mm에 이르는데, 강한 우기, 그리고 과테말라에서 가장 일찍 커피 꽃이 피는 지역이 이곳이다. 과테말라의 외곽 재배지가 대부분 그렇듯이, 재배된 대부분의 커피는 자체 정제 시설에서 정제된다. 왜냐하면 수확기에 강우를 예측하기가 어렵기 때문에, 거의 모든 커피는 햇볕으로 사전 건조한 후 과르디올라 Guardiola 건조기를 사용하여 마무리 가공된다.

에티오피아 Ethiopia

생산 포장 단위	60kg 자루 / bag	
재배 면적	35만~40만ha	
종	100% 아라비카	
주요 생산 지역	서부	시다모(Sidamo)
		이르가체페(Yirgacheffe)
		짐마(Djimma)
	동부	하라(Harar)
수확 시기	건식법 10~2월, 습식법 7~12월	
가공법	건식법 70%, 습식법 30%	
건조법	햇빛 건조	

아프리카 북동부의 아프리카 뿔에 해당하는 곳에 위치한 에티오피아는 커피가 처음 발견된 곳으로 알려져 있다. 동쪽으로는 수단이, 남쪽으로는 우간다와 케냐가 인접해 있고, 북쪽에는 에리트리아, 서쪽으로는 소말리아가 있다. 수도는 아디스아바바로 국토의 정중앙에 위치해 있다.

에티오피아에선 집에 커피 나무를 심어 재배하여 생산하기도 한다. 커피는 에티오피아인들의 생활이며 주요 수출품으로서 나라 경제의 근간이다.

 에티오피아의 커피 생산량은 2009년 기준으로 세계에서 5위로 손꼽히는 커피 생산국이다. 생산량 중 절반을 수출하고, 절반은 자국에서 소비한다. 1인당 커피 소비량도 2.4kg으로 아프리카에서 1위를 차지한다. 하지만 열악한 사회 간접 자본, 낙후된 경작 방법 및 가공 처리 시설 등의 해결 과제를 가지고 있다.

 주요 산지는 남부의 고원 지대로 지역별로 커피 맛의 차이가 있지만, 공통적으로 다소 거친 와인 향과 꽃향기가 주된 특징이다. 에티오피아의 커피는 뚜렷한 특징을 가진 커피가 생산되며 이르가체페, 하라, 시다모를 3대 커피로 꼽는다. 에티오피아인들에게 커피는 깊은 신앙의 대상이자 생활 그 자체이다. 또 귀한 손님이 집을 방문했을 때 행사는 의식인 '커피 세러미니'가 인상적인데, 생산된 그린빈을 팬에 직접 볶아 절구에 넣은 후 곱게 빻는다. 그 후 주전자라고 할 수 있는 '제베나Jebena'에 넣어 물과 함께 팔팔 끓인 후 즐긴다.

 에티오피아에선 커피를 '분Bun'이라고 부르고 있으며, 거의 대부분 전통적인 유기농 재배와 그늘 경작법으로 재배하고 있다.

에티오피아 이르가체페 특징

에티오피아는 수도인 아디스아바바에서 남쪽으로 내려가면 이르가체페 지역이 나타난다. 'YIFGA(보존하다)＋CHEFFE(비옥한 땅)'이 합쳐져 '비옥한 땅을 보존하다'라는 원주민어에서 비롯된 지명이다. 이르가체페 지역은 시다모, 하라와 함께 에티오피아 3대 커피 산지로 알려져 있다.

우리에게 잘 알려진 이르가체페 커피 중에서도 꼬께 Koke, 꽁가 Konga, 하포사 Hafursa, 아리차 Aricha에서 질 좋은 커피가 생산되고 있다. 이 지역 농업 인구의 80% 가량이 커피 재배에 종사하고 있으며, 지형이 험준하여 주로 말이나 당나귀를 이용하여 운송이 이루어진다.

이곳의 토양은 오가닉 화산 토양으로 커피가 자라기에 아주 적합한 비옥한 토양이다. 이르가체페 커피는 '커피의 귀부인'이란 수식어가 붙을만큼 화려한 향과 맛을 지니고 있어, 전 세계 커피 마니아들의 입맛을 사로잡고 있다. 묵직한 맛이나 질감보다는 향기로운 향을 지니고 있는 커피로 꽃향기와 과일 향이 두드러지게 나타난다.

에티오피아의 정통 커피 제조 방법 '커피 세레모니'

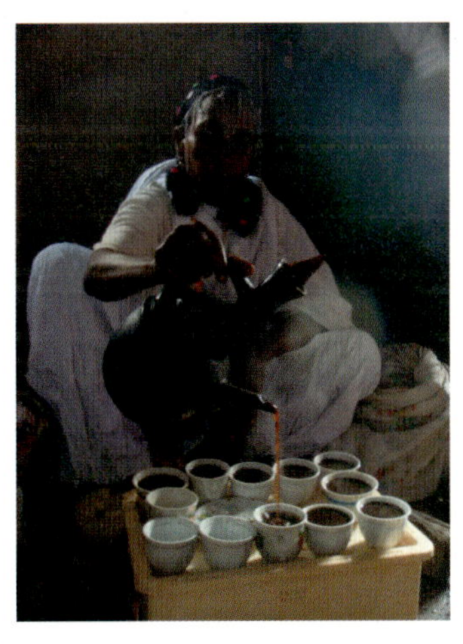

귀한 손님이 방문했을 때, 집안의 기쁜 행사가 있을 때 직접 키운 커피를 직접 볶아서 대접하는 에티오피아 전통 방식의 커피 세레모니이다.

전통 의상을 착용한 여자가 '케트마'라는 악귀를 쫓고, 행운을 불러온다는 잎을 깔고 커피를 볶아 분쇄하여 '제베나 Jebena'라는 전통 추출 기구를 이용하여 커피를 내려주는 방식이다.

커피 세레모니는 기본적으로 세 잔을 즐기는데, 각 잔마다 의미가 다르다. 첫 번째 잔은 맛을 의미하고, 두 번째 잔은 행운, 그리고 세 번째 잔은 축복을 의미한다.

이르가체페 코체르 Kocbere

Ethiopia Genuine Yirgacheffe G2는 에티오피아의 유서 깊은 커피 생산지 중 하나이다. 일본과도 많은 관계를 가져온 무역상 '모프라코 사'에 의해 이르가체페의 심장부에 위치한 1,900m

이상의 산악 지대에 있는 코체르 지구에서 생산되고 있다. 습식법으로 가공된 이 커피의 향미
는 부드럽고 맛의 밸런스가 좋으며 훌륭한 아로마를 가지고 있다. 또한 미디엄 바디와 정교한
신맛은 크리미하고 버터리하며, 시트러스한 맛의 여운을 느낄 수 있는 커피이다.

예멘 Yemen

생산 포장 단위	69kg 자루 / bag
종	100% 아라비카 티피카, 버번
주요 생산 지역	베니 마타르(Bani Mattari), 사나(Sanaa), 하라지(Hirazi)
수확 시기	주로 10~12월
가공법	건식법

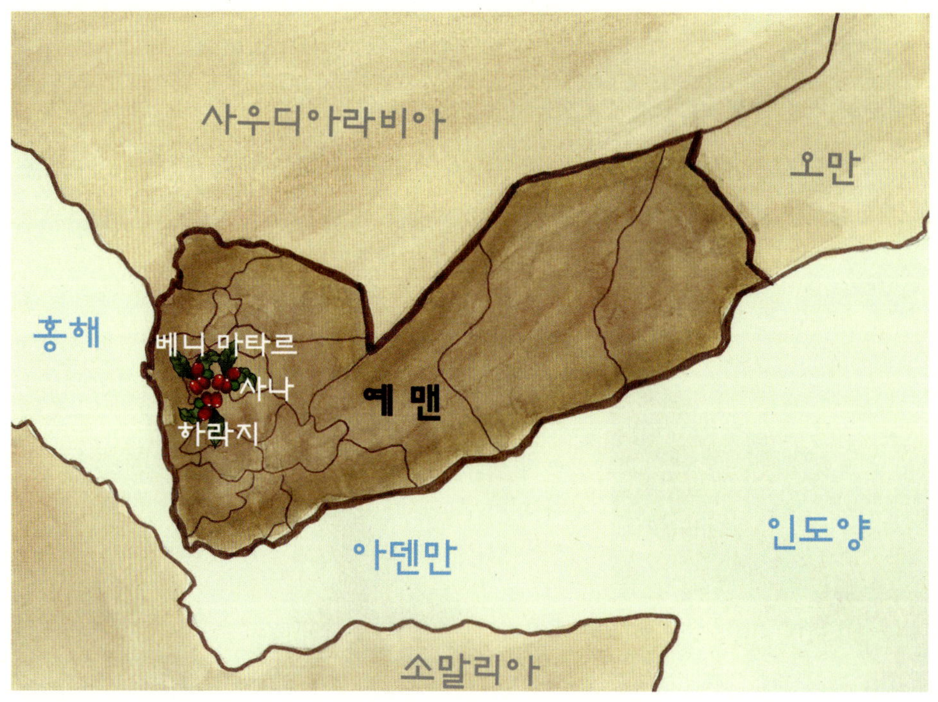

 커피를 배우다

세계 최초로 커피를 경작하여 최대의 무역항이었던 모카Mocha가 있었던 나라이다. '아라비카Arabica'라는 말도 아라비아, 즉 예멘의 커피에서 유래되었으며 전 세계로 전파되었다.

예멘은 상당히 고지대인 산악지대에서 소규모 단위의 농장으로 전통적으로 내려온 방식으로 커피를 생산하고 있다. 당연히 유기농 재배이며, 자연 건조 방식으로 커피 열매를 건조시킨다. 예멘에서는 자연 건조된 커피 열매를 씨앗을 발라낸 후 통째로 가루로 빻아, 그 가루를 뜨거운 물에 넣고 만든 홍차 같이 옅은 색상의 커피를 일상에서 즐긴다.

생두의 모양은 작고 불규칙하며 제각기 못생겼지만, 정통의 커피 맛은 다크 초콜릿의 달콤함과 좋은 흙냄새, 그리고 신맛, 감칠맛까지 뚜렷한 개성을 가지고 있다. 이러한 향미를 지닐 수 있는 이유는 산악지대의 고지대라는 조건 때문에 생두의 밀도가 높아서라고 볼 수 있다.

주로 이러한 커피는 예멘의 수도 사나의 홍해쪽 서부 고원 지대에서 생산되고, 전통적인 티피카와 버번 품종이 생산되고 있다.

사나니Sannai는 지명이나 품종명이 아니라 커피 시장에서 통용되는 이름이다. 예멘의 수도 사나 근방에서 생산된 커피들을 혼합한 커피를 Sanani라고 한다. Mattari, Hirazi, Ismaili보다 산도가 낮고 복잡함도 덜하지만 좀 더 균형 잡힌 향미를 가지고 있다고 알려져 있다.

케냐 Kenya

생산 포장 단위	60kg 자루 / bag
종	아라비카 99.99%, 로부스타 0.01%
주요 생산 지역	수도 나이로비의 북쪽과 북동쪽
	케냐 산 주변의 고원 지대
	서부 : 카시이(Kasii), 니얀자(Nyanza), 분고마(Bungoma), 카코마가(Kakomaga)
	중서부(리프트 밸리 주) : 나쿠루(Nakuru), 트랜스 엔조이아(Trans Nzoia), 케리초(Kericho), 카이지아도(Kajiado), 노스산텐데르
수확 시기	1차 수확 : 10~11월, 2차 수확 : 6~8월
가공법	습식법

케냐는 남쪽의 탄자니아, 북쪽의 수단과 에티오피아, 서쪽의 우간다, 동쪽의 소말리아와 국경을 맞대고 있는 동아프리카 지역의 나라이다.

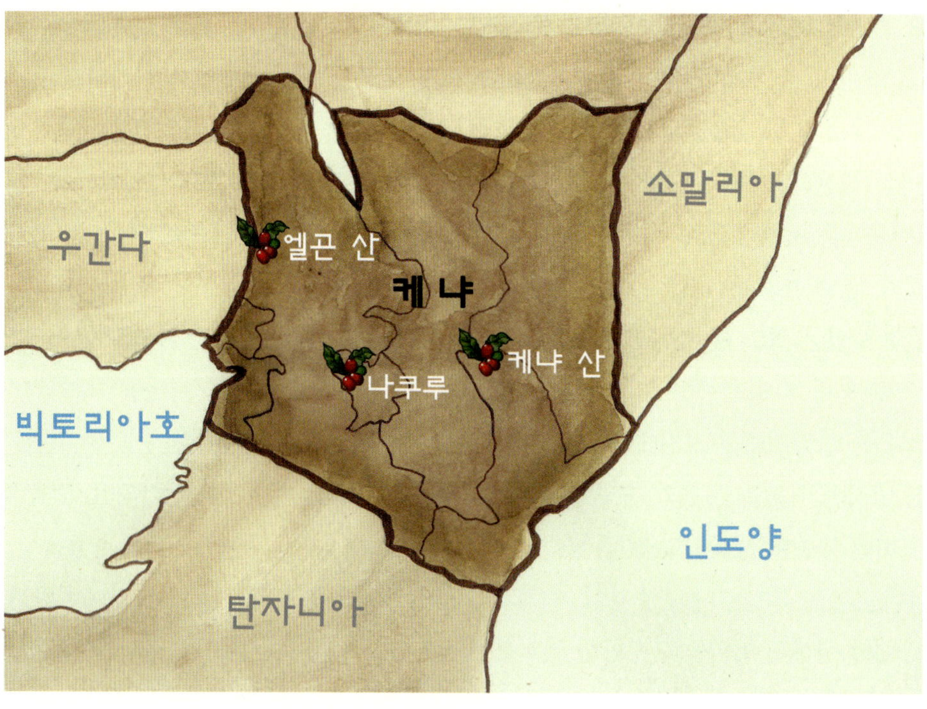

　　습지대, 사막, 화산 지역 및 고원 지대 등 세계의 축소판이라고 할 만큼 모든 형태의 지형을 보유하고 있으며, 해발 고도 2,000m 이상 산이 즐비하고 있는 나라이다. 전체 인구 중 20% 이상이 커피 산업에 종사하고 있다.

　　에티오피아를 통해 커피를 도입한 케냐는 커피를 주요 수출 품목으로 육성하면서 빠르게 커피 산업 구조를 구축하였고, 아프리카 최고의 커피 생산국, 연구 개발, 품질 관리, 농가 지원 정책 및 기술 교육, 체계적인 경배 시스템을 통해 가장 신뢰받는 국가로 자리매김하고 있다.

　　인도양을 대면하고 있으며 적도가 가로지르고 있고, 기후는 열대 해양 지대부터 사바나 초원 지대, 고원 및 반사막 지대에 이르기까지 지역에 따라 다양하다. 서부 지방은 강우량이 풍부하고, 북부 지방은 건조하며, 해안 지방은 열대성으로 고온 다습한 반면 고지대는 저습 냉량하다. 특히 케냐 산을 중심으로 광활한 고원 지대, 적절한 토양과 강우량, 기온 등의 조건은 고급 커피를 생산할 수 있는 자연 환경을 마련해주고 있다.

　　케냐의 건기는 1~3월, 우기는 3~5월이다. 주요 산업은 커피, 차, 면, 황마 등이며, 가장 큰 소득원은 커피이다. 커피 농가를 운영하는 케냐인들은 커피 외에 필요한 농작물을 커피와 함께 경작한다. 케냐 농업 생산의 50% 이상인 커피 수출은 27% 비율을 차지하고 있으며, 수출 시기는 7~9월과 11~4월이다. 수확은 1년에 2번 이루어지며 첫 번째에 60%, 두 번째에 40%를 수확하고, 커피 나무를 태우거나 농장을 파괴하는 것은 법으로 금지되어 있다.

수십만의 커피 농장을 육성하고 단위협동조합으로 구성, 별도의 대형 커피 농장도 조성하여 고품질의 SL-28, SL-34라는 품종도 개발했으며, 경작 실습을 통한 철저한 기술 지도와 우수 품질 커피에 대한 포상 제도로 적극적인 커피 산업을 지원하고 있다.

케냐 AA의 특징

케냐 커피는 생두의 스크린 크기로 등급이 정해진다. 크기는 1/64인치로 0.4mm인 스크린 사이즈로 정해진다. AA-AB-C-TT-T-BUN이 높은 등급에서 낮은 등급 순이며, 일반적으로 케냐 AA의 스크린 사이즈는 No.19(크기 7.54mm) 이상에 속한다. 습식 가공법으로 생산해내며 주요 품종으로는 티피카 Typica, 버번 Bourbon, 켄트 Kent, SL-28, 니-34, 루이루 Ruiru 11이 있다.

케냐에서 생산되는 모든 커피는 케냐 정부에서 통합, 품질 관리하여 등급을 매긴 뒤, 그 등급에 따라 경매로 가격이 책정되므로, 생산 지역 이름으로 소비자에게 인식되기보다는 품질 등급으로 인식된다.

케냐 커피의 향미 특징은 와인과 같은 향미와 강한 신맛과 과실의 달콤함 등 맛의 밸런스가 잘 어우러져 맛의 절묘한 조화가 특징이라고 할 수 있다.

> **케냐 커피 경매 시스템**Nairobi Coffee Exchange
>
> 케냐의 커피 경매 시스템은 8월과 크리스마스를 제외한 나머지, 매주 화요일에 열린다. KCTA(Kenya Coffee Traders Association)가 커피 경매를 주최하고 통제하며, 대개 3개 정도의 Marketing Agency가 참여해 자사가 경영하거나 농장들의 생두를 경매 품목으로 올린다. 보통 하루에 1,000~1,200톤의 생두가 거래되고 라이선스를 가진 딜러들만이 참가할 수 있다. 경매 품목에 오른 생두 샘플은 대개 1주일 전에 딜러들에게 입수되며, 딜러들은 자연 그대로의 샘플들을 분석하고 로스팅한 다음 샘플별로 감정을 실시한다.
>
> 감정 결과를 옥션에 기록하고 이를 바탕으로 경매 입찰에 참가한다. 기관으로 낙찰을 받으면 업체는 1주일 이내에 금액을 입금해야만 생두를 받을 수 있다.

> ### 케냐 커피 산업의 메커니즘
>
> - CBK(Coffee Board of Kenya) : 생산, 마케팅, 연구, 재정, 경영 지원 등의 역할을 담당
> - CRF(Coffee Research Foundation) : CBK 산하 기관으로 커피 산업의 발전을 위해 연구, 개발, 교육 등을 지원
> - KCTA(Kenya Coffee Traders Association) : 케냐 커피 옥션을 주최하고 통제하는 기관으로 농장, 마케팅 에이전시, 도매상, 공급자, 운송업자 등으로 구성

탄자니아 Tanzania

생산 포장 단위	60kg 자루 / bag
종	버번, 켄트, 티피카, 블루마운틴
주요 생산 지역	킬리만자로 산과 메루 산 지역
	남쪽의 탕가니카(Tanganyika) 호수와 니아사(Nyasa) 호수 지역
수확 시기	아라비카 : 12~4월, 로부스타 : 6~12월
가공법	건식법, 습식법

탄자니아의 고급 커피들은 케냐와의 국경 지역인 킬리만자로 산과 메루 산 지역에서 생산되고 있으며, 이곳의 커피를 '킬리만자로'라고 부른다. '키보 Kibo'라고 부르기도 하며 이 지역의 이름을 딴 '모시 Moshi', '아루샤 Arush'란 상표로 거래되기도 한다.

국토의 25% 정도만 커피가 재배되며 소규모 농장 단위로 커피가 생산된다. 남쪽의 탕가니카 Tanganyika 호수와 니아사 Nyasa 호수 지역에서도 소량의 아라비카 품종이 생산되는데, 생산지의 이름을 따라 '음베야 Mbeya', '파레 Pare'라고 부른다.

탄자니아는 좋은 품질의 아라비카 품종부터 로부스타 커피가 모두 경작된다. 로부스타 커피는 북부 태평양 지역인인 탕가 Tanga 지역에서 주로 생산되고 있다. 대부분의 커피는 바나나 나무와 함께 경작되고 있다.

주요 품종으로는 켄트, 버번, 티피카와 블루마운틴이 있으며, 등급 분류는 커피 생두 스크린 사이즈를 기준으로 AA, A, AB 등으로 나뉜다.

탄자니아 커피의 향미 특성은 깔끔하면서 섬세한 바디를 느낄 수 있으며, 풍부한 향과 강한 신맛을 가지고 있다.

인도네시아 Indonesia

생산 포장 단위	60kg 자루 / bag	
종	로부스타 90%, 아라비카 10%	
주요 생산 지역	수마트라(Sumatra)	자바(Java)
	술라웨시(Sulawesi)	발리(Bali)
	아체(Ache)	
수확 시기	북부 : 11~3월, 남부 : 5~8월	
가공법	건식법 90%, 습식법 10%	
건조법	대부분 선 Sun 드라이 방식을 이용	

아시아 최대 커피 생산국인 인도네시아는 네덜란드에서 커피 나무가 이식되면서 시작되었다. 1877년 녹병균에 의해 커피 농장들이 초토화되면서 이후 병충해에 강한 로부스타 커피 중심으로 경작하였다.

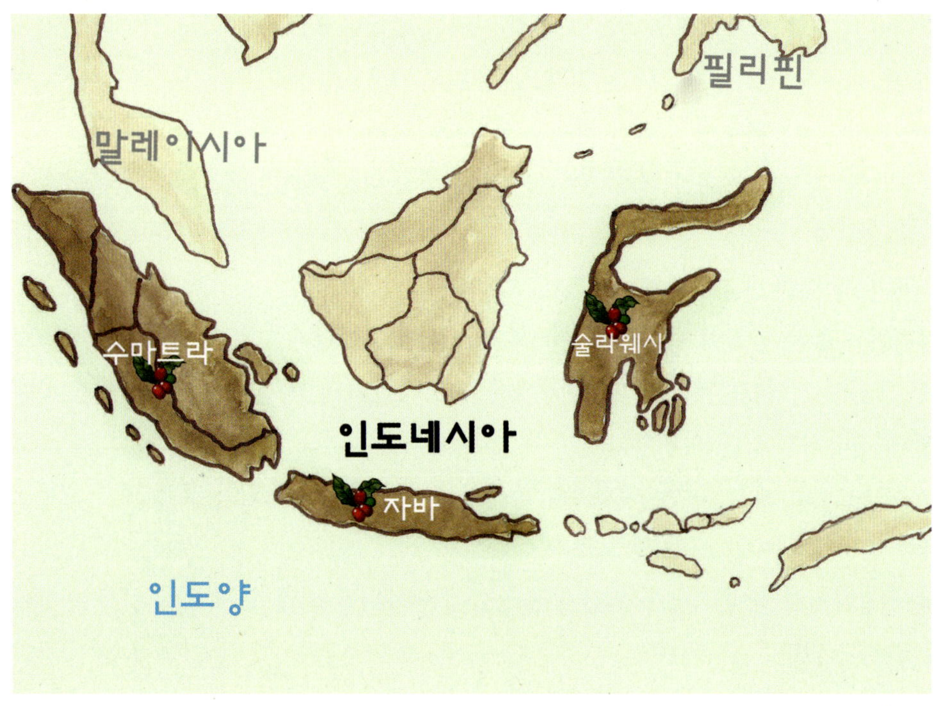

이로 인해 인도네시아는 90% 이상의 로부스타와 품질 좋은 아라비카가 생산되고 있다.

인도네시아의 기후는 대체로 고온 다습한 열대성 기후로 평균 기온은 해안 지방이 가장 높고 보통 23~31℃의 분포를 보인다. 1년내내 비가 많이 내리는데, 계절풍의 영향을 받아 내리는 오후의 집중 호우가 강수량의 대부분을 차지한다. 국토의 약 17%만이 경작이 가능하고, 또 이 가운데 절반 가량은 자바 섬 중북부와 수마트라 섬 남서부의 이모작 벼 농사를 비롯한 벼 재배에 이용된다.

열대 우림이 인도네시아 전 국토의 2/3 가량을 차지하고 있다. 해발 고도 1,500m 이상인 고지대에서는 온대 우림이 형성되고, 낮은 해안선을 따라 곳곳에 자리 잡은 습지에서는 홍수림이 자란다. 이러한 기후 특징은 커피를 생산하기 위해 상당히 좋은 조건이라고 볼 수 있다.

인도네시아는 커피 재배의 최적의 기후 조건을 가지고 다양한 품종의 커피가 생산되고 있다. 인도네시아 커피는 초콜릿의 달콤함, 스파이시한 향과 흙냄새를 느낄 수 있다. 우선 아라비카 품종은 아체 주의 타켄곤, 수마트라 섬의 링통리프타, 술라웨시 주의 토라자와 가요마운틴을 중심으로 재배되고 있으며, 인도네시아 커피 생산량의 대부분을 차지하는 로부스타는 자바 섬을 중심으로 재배되고 있다.

아라비카 만델링Mandheling 품종의 70% 이상이 타켄곤과 링통리프타 지역에서 생산되는 상황이라고 한다. 거의 대부분 내추럴 방식으로 가공되고 있으며 가요마운틴의 경우 수세식 가공법을 사용하고 있다. 만델링 품종이라고 해도 지역적인 차이와 결점두, 스크린 사이즈, 운반 형태에 따라 다른 향미를 가질 수 있다.

만델링 생두는 진한 녹색에 길고 둥근 형태를 가지고 있다. 다른 커피와 달리 인도네시아 커피는 적도를 지나오지 않기 때문에 상태의 변화가 적고 물류가 원활한 것이 특징이라고 할 수 있다. 만델링은 묵직하면서도 여운이 긴 바디와 강한 쓴맛과 달콤함 때문에 블렌딩에 많이 사용되고 있다.

몬순 Monsoon 커피

인도에서 생산되는 커피를 배로 운송하는 과정 중 장시간 습도에 노출되어 황금색이 되어버린 커피이다. 독특한 색상과 함께 구수하며 쌉쌀한 맛의 특징이 사람들을 매료시키게 되었다.

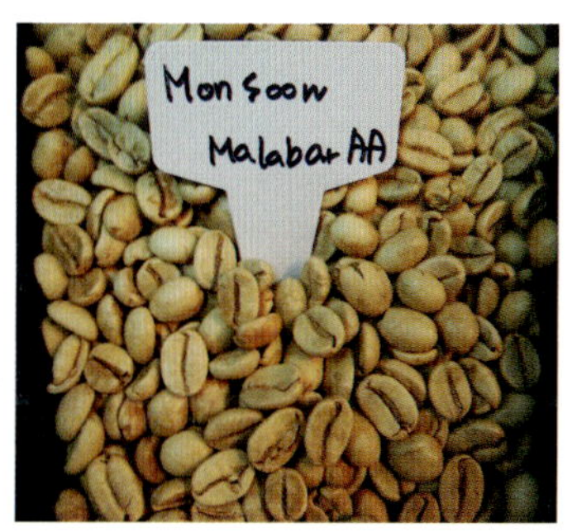

몬순 커피

수에즈 운하의 개통에 의해 운송 기간이 짧아져 이러한 특징의 커피를 즐길 수 없게 되었지만, 인위적으로 습기 찬 몬순 바람에 생두를 노출시켜 비슷한 향미를 가진 커피를 만들어내게 된다. 이러한 방식을 '몬수닝Monsooning'이라고 부른다. 몬순 커피의 특징은 묵직하며 달콤한 여운, 고소한 개성을 지닌다.

몬수닝 Monsooning

수세 처리하지 않은 아라비카 커피를 10~20cm 정도 개방된 파티오에 넓게 펼쳐놓고 대기의 습도에 4~5일 간 잘 섞어주면서 방치해둔다.

이러한 과정을 마치면 삼베 자루에 커피를 담아 몬순 기후에 노출시켜 주고, 1주일마다 자루를 교체하면서 6~8주 정도 숙성시킨다. 이러한 기간 동안 벌레에 의해 원두가 손상되는 것을 막기 위해 약한 훈장을 해준다. 마지막으로 일일이 손으로 좋지 않은 원두를 가려내고 커피 백에 담으면 특별한 향을 갖는 인도 특유의 몬순 커피가 완성된다.

인도네시아의 습식 가공법

인도네시아의 습식 가공법에는 G.B.(Gewone
Bereiding), O.I.B.(Ost Indishe Bereiding),
W.I.B.(West Indishe Bereiding) 등이 있다.
G.B.는 통상적인 습식 가공 방법을 말하며,
O.I.B.는 인도식 가공법, W.I.B.는 1740년에 네
덜란드인에 개발된 방법으로 작은 규모의 농장
보다는 주로 자바 섬 동부에서 큰 규모의 플랜
테이션으로 생산된 로부스타를 기계를 사용해
커피 열매의 껍질을 제거하는 방법이다.

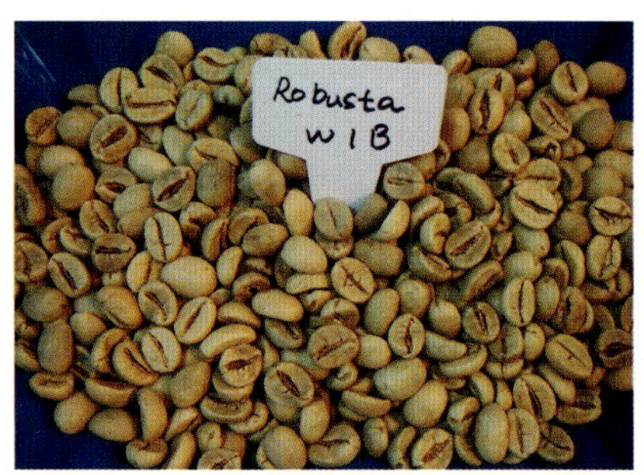

인도네시아 W.I.B.

로부스타는 대개 아라비카에 비해 맛과 향이 떨어져 주로 인스턴트 커피용으로 사용되는
품종으로 아라비카에 비해 낮은 평가를 받는다. 그러나 인도네시아의 습식 가공된 로부스
타는 보통 품질의 아라비카보다 훨씬 뛰어난 향미를 가지고 있다.

특히 인도네시아의 습식 가공된 최고급 로부스타 커피는 브라질의 내추럴 아라비카 커피
보다 맛과 향이 좋을 뿐 아니라 가격도 비싸다. 인도네시아의 습식 가공된 로부스타는 아
라비카보다 가벼운 바디를 나타내지만 깔끔하고 산뜻한 맛을 자랑한다.

숙성 커피

생두 보관은 좋은 품질을 위해 비교적 서늘하고 건조한 상태에서 보관해야 하지만, 숙성됨
에 따라 산도는 서서히 감소하고 바디는 증가하는 특징을 보인다.

보통 생두를 습기 찬 조건에 보관을 하게 되면 수확한 후 몇 달에서 1년 안에 향미와 개성
은 사라진다. 하지만 숙성 커피는 이러한 올드 크롭들과 달리 최소한 2년 정도 보관한다.

잘 숙성된 고급 커피들은 묵직한 바디와 탁월한 달콤함을 나타내며 충분한 산도를 느낄 수
있다. 대부분 숙성 커피들은 흰 곰팡이 때문에 자극적인 맛부터 감칠맛 나는 엿기름 비슷
한 맛까지 다양한 향미 특징을 보인다. 곰팡내가 상대적으로 덜 한 숙성 커피들은 단종 커
피로는 개성적인 커피이다.

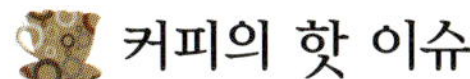
커피의 핫 이슈

① 커피 전문가의 미각을 사로잡은 게이샤 Geisha

2005년에서 2007년까지 3회에 걸쳐 'SCAA Roasters Guild Cupping Pavilion'에서 우승과 함께 세간의 뜨거운 관심을 받고, 2007년 커피 경매 역사상 최고 낙찰가를 기록한 게이샤 Geisha 는 커피인이라면 한번쯤 맛보고 싶은 커피일 것이다.

일본 기생을 뜻하는 단어라고 생각하지만 사실은 에티오피아 말로 에티오피아 서남쪽 Kaffa Maji 지역에 자라던 커피 품종을 말하는 것이다.

게이샤 품종의 유래는 에티오피아 서남쪽 카파 Kaffa 지역에서부터 시작된다. 1931년 에티오피아를 떠난 게이샤가 처음 심어진 곳은 케냐와 탄자니아이다. 이는 카파 내에 있는 게이샤 지역에서 종자를 채취했다고 하여 '게이샤' 또는 '에티오피아종'이라 일컬어졌다. 이름 역시 여기에서 따와 에티오피아의 옛 이름인 '아비시니아 Abyssinia'나 게이샤로 불렸는데, 그 중 게이샤가 지금까지 전해 내려오는 것이다. 이후 게이샤 커피는 아프리카에서 코스타리카 Costa Rica로 전해지고, 중앙아메리카에 위치한 파나마에 정착하게 된다.

게이샤는 생산량이 적은 품종으로 잎사귀 모양은 버번 Bourbon보다 티피카 Typica와 비슷하고, 그 수가 적으며 줄기는 듬성듬성 가지를 치고 있다. 또한 키는 카와이 Kauai 보다 크지만 티피카보다는 작은 것으로 알려져 있다. 생두의 모양은 하라 Harrar의 롱베리 Longberry 처럼 가늘고 긴 것이 특징이다. 나무 자체는 약하나, 곰팡이에 대한 내성은 매우 강한 것으로 알려져 있다.

게이샤 Geisha 생두

게이샤 커피 나무

게이샤 품종은 전반적으로 꽃, 과일향이 풍부하다. 또한 감귤류를 연상시키는 산뜻한 신맛이 뛰어나고 상대적으로 가벼운 바디를 가지고 있다.

② 세상에서 가장 비싼 커피? 코피 루왁 Kopi Luwak

주로 인도네시아에서 생산되는 커피로 커피 열매를 먹은 사향고양이Civet의 배설물에서 커피 씨앗을 채취하여 가공하는 커피이다. 사향고양이의 소화 기관을 거치면서 커피 열매의 과피나 과육 등은 소화되어 사라지지만, 커피 씨앗은 소화되지 않은 채 자연스럽게 발효 과정을 거치게 되고 배설된 씨앗을 가공하여 처리한다.

자연 발효를 통해 독특한 향과 맛을 지니게 되고, 화학적 변화에 의해 생두의 색은 더욱 짙어지고 단단해진다. 희귀성 때문에 세계적으로 가장 비싼 커피로 유명하다. 일반적으로 풀 시티 로스팅Full City Roasting을 하며, 향미는 캐러멜, 초콜릿, 곰팡내, 발효취 등의 특성이 있다. 씁쓸하며 신맛이 적절히 조화된 시럽 같은 중후한 바디Body를 가진 것으로 알려져 있다.

루왁 커피는 자연산 헌팅에 의해 채취, 가공되는 경우도 있지만 인도네시아에선 국가에서 직접 지원하여 루왁을 생산해내기도 한다.

사향고양이 사육장 및 가공 모습

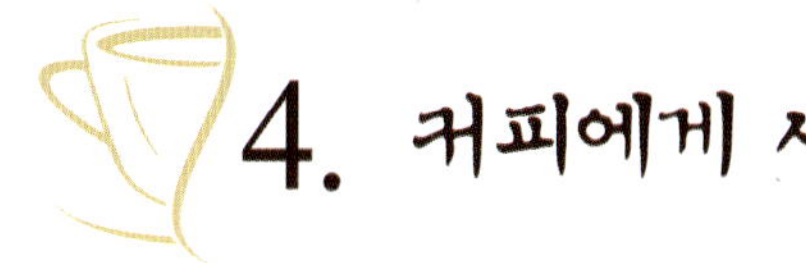

4. 커피에게 새옷을 입히다

로스팅이란?

커피 나무를 재배, 가공해서 생두를 생산해내는 과정은 커피 생산지에서 일어나는 일련의 과정이라면 로스팅은 커피를 수입하는 소비지에서의 커피 공정 중 가장 중요한 분야라 볼 수 있다. '어떻게 볶느냐', '얼마만큼 볶느냐'라는 주제는 가공되어 나오는 원두의 맛과 향에 직접적인 영향을 미친다.

로스팅이란 생두에 열을 가하여 일어나는 물리적, 화학적 변화를 통해 맛과 향 성분을 음료로 가공할 수 있게 만드는 공정을 말한다.

즉, 생두의 조직을 열로서 팽창시켜 파괴함으로써 생두 안에 있던 지방, 당분, 카페인, 유기산 등이 화학 반응을 일으켜 커피의 맛과 향기 성분으로 변한다. 로스팅된 커피에는 약 800가지의 휘발성 화합물로 이루어진 향기 성분이 있다.

로스팅은 생두의 특성을 이해하는 것에서부터 시작해서 로스팅 머신의 특성에 대한 충분한 이해가 있어야 한다.

- 생두의 가공 과정에 따른 특성
- 원산지 커피의 특성
- 품종에 따른 특성
- 함수율과 밀도 차이에 따른 특성

성공적인 로스팅은 이러한 특성들을 고려하여 생두의 개성을 발현시키거나 로스터가 원하는 개성을 잘 나타내는 것이라 볼 수 있다.

숙련된 로스터가 갖추어야 할 조건

- 생두(가공, 산지, 품종, 함수율, 밀도)의 특성을 고려한 로스팅 기술
- 계절, 날씨, 대기 습도, 온도의 변수에 의한 충분한 이해와 대응 능력
- 즉각적으로 발생되는 상황에 대한 감각적인 대처 능력
- 맛을 감지하는 미각 능력

수확 연수에 따른 생두의 특징

구 분	뉴 크롭New-crop	패스트 크롭Past-crop	올드 크롭Old-crop
수확 시기	수확한 지 1년이 안 된 생두	수확한 지 1년에서 2년 정도된 생두	수확한 지 2년 이상된 생두
컬 러	그린~진한 그린	옅은 그린~그린	화이트, 옅은 노란색
향 기	풋향, 매운향	마른 풀냄새	무향

로스팅 전, 후 커피의 변화

로스팅은 생두에 열을 가함으로써 시작된다. 밀도가 높은 생두는 내부 물질들에 의해 치밀하게 이어져 있어 물에 의해 맛과 향 성분이 제대로 추출되기 어렵다. 하지만 생두를 가열하게 되면 이산화탄소가 주인 가스가 생성되어 생두의 내부 압력이 커지고, 생두의 성분들은 복잡한 열화학 반응을 통해 분해되거나 새로운 결과물을 만들어낸다.

또한 내부 압력에 의해 생두의 세포는 부풀어올라 물이 침투할 수 있는 공간이 생겨나게 된다. 로스팅에 의해 화학적인 변화로 인해 생성된 성분들은 커피가 가지는 독특한 맛과 향, 바디에 기여하게 된다.

(1) 로스팅에 따른 물리적인 변화

① 색상의 변화

커피의 품종과 가공 과정에 따라 생두는 열에 의해 색상이 변하게 된다. 생두의 색상 변화는 로스팅 정도의 지표가 될 수 있고, 로스팅 정도를 조정하는 데 도움을 줄 수 있다.

또한 로스팅을 하기 전 단계의 설정을 계획할 때 활용되기도 한다. 절대적이라고 볼 수는 없지만 원두의 표면 색상에 의해 로스팅 정도를 구분하고 있다.

② 질량 감소

생두에 열이 가해지면 생두는 온도가 올라감과 동시에 내부의 수분을 방출한다. 뉴 크롭 New-crop 생두는 9~13%의 수분을 포함하고 있으나 로스팅이 완료될 때까지 수분은 1~2%를 남기고 완전히 빠져나가며, 생두는 차츰 갈색으로 변하기 시작한다.

실버스킨, 이산화탄소, 휘발성 향미 성분 등의 감소도 질량 감소에 영향을 미친다.

③ 부피 증가

일정 온도에 도달한 생두는 증기와 이산화탄소의 형성에 의해 내부 압력이 커지고 이로 인해 부피가 2~5배 정도 커지게 된다. 부피 증가로 인해 다공질의 크기가 커지고 세포벽이 얇아지면서 부서지기 쉬운 상태가 된다.

로스팅 정도와 로스팅 방법, 커피 콩의 종류에 따라 부피의 증가 정도는 많이 달라진다. 약한 볶음에서는 2~3배, 강한 볶음에서는 3~5배 정도 커진다.

부피의 변화는 천천히 일어나는 것이 아니며 일정한 시간대에 갑자기 발생하는데, 이 현상이 일어닐 때 생두는 팝콘이 튀겨질 때처럼 팽칭음을 낸다. 강배전 과정에서는 두 번째 부서지는 현상이 일어나게 되는데, 첫 번째 들리는 파열음은 대부분 증기가 빠져나가기 때문이고, 두 번째 파열음은 주로 이산화탄소의 형성에서 비롯되었다. 이 파열음 기준은 실전 로스팅에서 주로 사용되고 있다.

(2) 로스팅에 따른 화학적인 변화

생두를 볶으면 수분 함량이 감소하며 그 외의 성분도 200℃ 이상의 높은 열로 분해되어 증발하거나 화학 반응에 의해 다른 화합물로 변하게 된다. 로스팅 중 주요한 화학적 변화는 생두의 당분, 단백질, 유기산 등이 갈변 반응을 통해 가용성 성분으로 바뀌는 것이다. 커피의 가용성 성분은 로스팅 전에는 약 26% 함유되어 있고, 로스팅 후에는 27~35%로 증가한다. 커피의 맛과 향은 이 성분으로 결정된다.

가용성당은 10%에서 11~19%로 증가하여 맛과 향기의 주성분이 되고, 유기산은 1%에서

2.5%로 증가하여 커피의 신맛을 좌우한다. 휘발성 가스 성분은 약 2.4% 정도 생성되는데 이 중 0.4% 정도가 커피의 향기를 풍부하게 해준다. 이러한 향기 성분은 갈변 반응 등에 의해 생성된다.

또한 생두를 볶으면 당분이나 유기산, 카페인, 무기질 등의 성분이 화학 반응을 일으켜 신맛, 단맛, 쓴맛, 떫은맛, 고소한 맛, 중후함을 생성한다.

맛	주요 성분
신맛	클로로제닉산, 옥살릭산, 말릭산, 시트러스산, 타타릭산 같은 유기산
단맛	환원당, 캐러멜당, 단백질
쓴맛	알카로이드인 카페인과 트리고넬린, 카페익산, 퀴닉산 등의 유기산, 페놀릭 화합물

🍵 로스팅 과정 중 화학적 변화

단위 : 중량 비율(%)

성 분		로스팅 전		로스팅 후	
		전 체	가용성 성분	전 체	가용성 성분
탄수화물	당 분	10	10	18~26	11~19
	섬유소 외	50	–	37	1
지 방		13	–	13	–
단백질		13	4	13	1~2
무기질		4	2	4	3
산	클로로제닉산	7	7	4.5	4.5
	유기산	1	1	2.5	2.5
알칼로이드	트리고넬린	1	1	1	1
	카페인	1	1	1	1
휘발성 화합물	탄산 가스	–	–	2.0	미량
	향기 성분	–	–	0.4	0.4
총 량		100	26	100	27~35

로스팅 단계

로스팅 정도를 나타내는 방법은 다양하다. 상업용으로는 단순히 Light roast, Medium roast, Dark roast와 같이 간단한 표현을 사용하기도 하나, 일본식 8단계 배전 단계를 사용하는 경우가 많다. 이 모두는 시각적인 기준에 의해 분류된 것으로서, 각 단계에는 이에 대응하는 색차계 수치가 정해져 있다.

8단계 로스팅 단계를 사용하는 방식은 생두의 변화 과정을 확인하고, 각 단계별 향미의 특징을 쉽게 알 수 있다.

그러나 커피의 맛과 향의 변화는 짧은 시간에 이루어지고, 커피의 품종, 가공 방식, 추구하는 향미 특징 등에 따라 특정 로스팅 단계에서 집중적으로 작업이 종료되는 경우가 많다.

즉, 같은 단계라 할지라도 다양한 향미 경향의 결과물을 만들 수 있는 것이다. 따라서 8단계 로스팅 단계는 실제 로스팅에 있어서는 절대적인 기준이 될 수는 없지만 생두 변화의 판단에 용이하다.

다음은 로스팅 정도를 8단계로 나누어 커피의 진행 상태를 설명한 것이다.

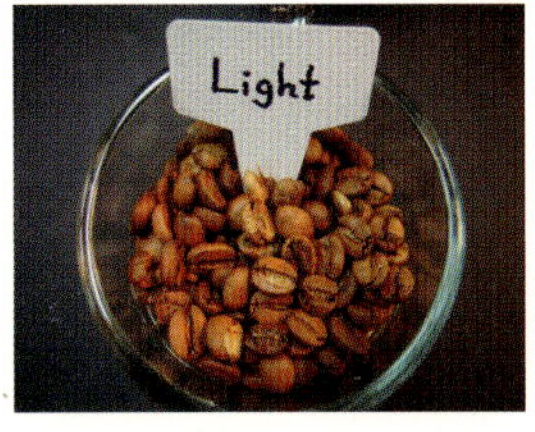

• 1단계 : 라이트 Light

생두에서 수분이 증발되면서 갈변화가 진행되는 중 첫 번째 팽창이 시작되기 직전의 상황을 말한다. 커피 자체의 온도는 200℃ 이하이다. 명도 L수치는 27 내외이며, 산도는 5 이하이다. 이 정도에서 커피가 사용되는 경우는 거의 없다.

• 2단계 : 시나몬 Cinnamon

첫 번째 팽창이 시작하는 순간의 배전 정도를 말한다. 커피 내부 온도는 200℃ 정도이며, 명도 L수치는 26 내외이다. 이때의 커피는 신맛이 강하다. 향기는 얕고 풋내가 나며, 산도는 5 정도로 매우 낮다. 역시 이 정도에서는 커피를 사용하지 않는다.

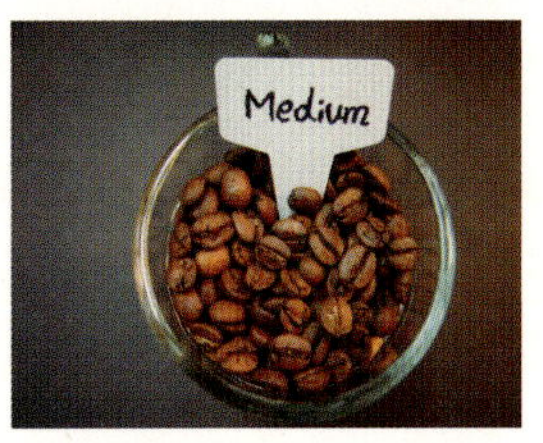

• 3단계 : 미디엄 Medium

첫 번째 팽창이 끝나는 시점의 배전 정도를 말한다. 커피 내부 온도는 205℃ 내외이며, 명도 L수치는 24 정도이다. 산도는 시나몬 Cinnamon 때보다 약간 높다. 신맛이 약간 높은 편이며, 맛의 깨끗함은 덜하다.

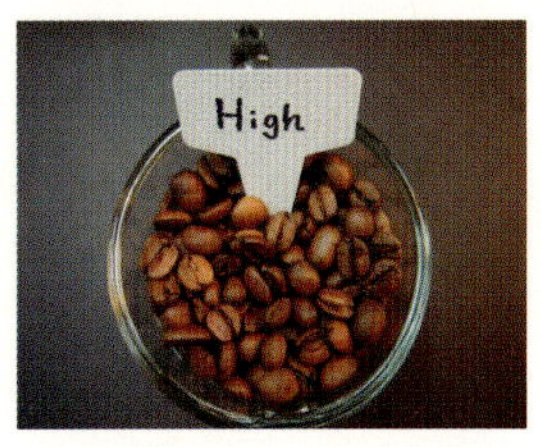

• 4단계 : 하이 High

첫 번째 팽창이 끝나고 두 번째 팽창이 시작되기까지는 기기에 따라 차이는 있지만 20~40초의 기간이 있다. 이 사이 커피의 내부 온도는 210℃로 올라간다. 하이Hi 단계에서 산도는 급격히 변화하여 5.5 정도가 되며, 명도 L수치 역시 21 정도로 크게 떨어지게 된다. 신맛이 약해지며 맛의 깨끗함이 높아지고 감칠맛이 느껴진다. 상업적인 용도에서는 하이 이상으로 볶게 된다.

• 5단계 : 시티 City

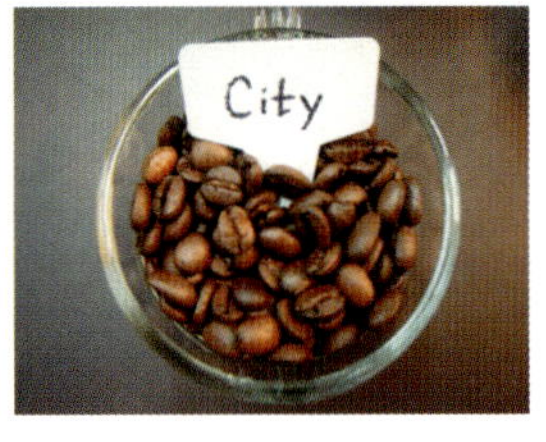

두 번째 팽창이 시작되는 시기를 말한다. 커피의 내부 온도는 220℃에 육박하며, 명도 L수치는 20 이하로 떨어진다. 신맛이 줄어들면서 쓴맛이 느껴지기 시작한다. 시티City 로스트가 가열 한 계인 생두도 있다.

• 6단계 : 풀 시티 Full City

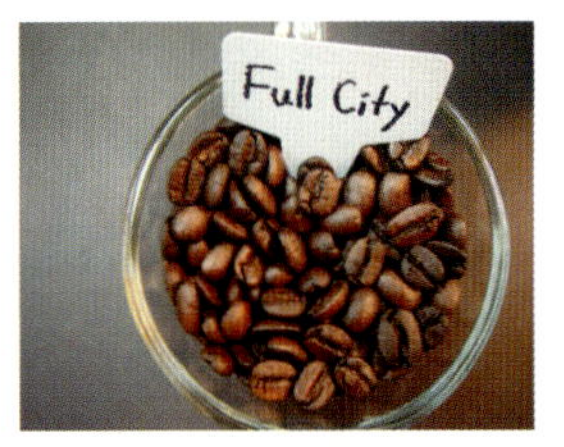

두 번째 팽창에서 약간 더 진행된 시기를 말한다. 시티 로스트부터는 온도 변화가 빠르기 때문에 5초 이하 단위로 커피의 상태를 체크해야 한다. 내부 온도는 230℃에 가까워지며, 명도 L수치는 16 정도이다. 향미가 모아지기 시작한다.

• 7단계 : 프렌치 French

두 번째 팽창이 가장 활발하게 진행되는 상태를 말한다. 두 번째 팽창 파열음은 상당히 크기 때문에 팽창의 시작과 끝에 대해서는 인식하기 쉬우나, 가장 활발한 상태를 파악하기란 그다지 쉽지 않다. 내부 온도는 235℃ 정도로 풀 시티Full City에 비해 큰 차이가 없다.

• 8단계 : 이탈리안 Italian

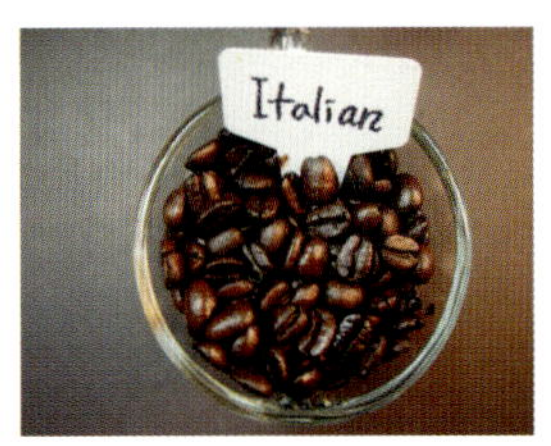

과거 에스프레소 로스트용으로 사용되었던 이탈리안Italian 로스트는 두 번째 팽창이 끝나는 시점을 말한다. 최종 세 번째 팽창은 240℃를 넘어서 일어나지만, 이 경우에 생두는 자체적으로 발열하기 시작하며 음료로서의 가치는 없어진다.

Agtron no.	로스팅 정도	색 상	Agtron no.	로스팅 정도	색 상
#25	Very Dark		#65	Light Medium	
#35	Dark		#75	Moderately Light	
#45	Moderately Dark		#85	Light	
#55	Medium		#95	Very Light	

로스팅 실전

생두는 열 전달 속도가 느리다. 단순히 전도 및 복사에 의한 열 전달은 생두의 일부에만 영향을 끼칠 수 있으므로, 작업 시에는 끊임없이 뒤섞어주거나 대류에 의한 열 전달을 해주어야 한다. 열이 생두에 균일하게 전달될 수 있을 정도로 열원은 되도록 강력해야 하며, 로스팅 정도를 섬세히 조절하기 위해서는 열 제어가 가능할 수 있어야 한다.

단 계	색 상	온 도	특 징
생두 투입		200~230℃	• 생두의 수분 증발이 일어남.
Yellow	연노랑	150~160℃	• 달콤한 냄새
Light	옅은 갈색	190~200℃	• 1차 크랙Crack 시작 직전 단계 • 급격히 부피가 팽창
Cinamon	옅은 계피색	200~210℃	• 1차 크랙 시작, 팽창음이 최고조로 달했다가 줄어드는 단계 • 검은 줄 무늬 생김(당에 관련된 성분 변화).
Medium	고른 갈색	210~215℃	• 1차 팽창이 끝난 단계 • 산뜻하면서도 강한 신맛과 약간의 단맛
High	고른 옅은 갈색	215~220℃	• 두 번째 크랙 전까지 단계 • 산뜻한 신맛과 달콤한 단맛이 좋은 단계 • 실제적인 음용 단계의 시작(최근엔 Medium에서도 시도)
City	짙은 갈색	220~227℃	• 두 번째 팽창 시작에서 피크 Peak 의 중간 과정까지 단계 • 신맛, 단맛, 쓴맛의 조화가 가장 좋은 단계 • 실제 배전에서 가장 많이 행해지는 단계 • 표면 오일은 없다.
Full City	아주 짙은 갈색	227~232℃	• 2차 크랙 피크 Crack peak 를 지나 끝나기 중간까지 단계 • 표면에 오일이 비치기 시작 • 신맛이 줄어들고 쓴맛이 우세하며 풍부한 느낌 • Strong coffee나 Espresso로 좋다.
French	짙은 갈색에서 검은색	232~238℃	• 2차 팽창이 끝나기 전후 단계 • 표면에 오일이 많이 베어져 나옴. • 신맛은 없어지고 강한 쓴맛과 단맛을 갖지만 오히려 여운이 짧고 깔끔하다.
Italian	거의 블랙	240℃~	• 3차 팽창이 일어나는 단계 • 지금은 거의 행해지지 않고 있는 단계 • 강한 쓴맛이 대부분이어서 음용하기 다소 무리인 맛

(1) 로스팅 머신에 사용하는 일반적인 열원의 종류

① 액화 석유 가스(L.P.G)/천연 가스(L.N.G)

가스는 가장 많이 쓰이는 열원이다. 열을 안정적으로 제공하고 화력 조절도 간편하여 가열 정도를 쉽게 제어할 수 있다. 연소 시에는 별도의 냄새가 나지 않으므로 커피의 맛과 향에 영향을 끼치지 않는다. 또한 로스팅 중 발생하는 채프 Chaff 를 제거하는 애프터 버너가 가스를 열원으로 사용하기 때문에, 전체 로스팅 머신에 대해 일관적인 열원을 공급할 수 있어 구조가 단순해진다는 장점이 있다.

② 전 력

전력 그 자체는 여러 가지 에너지로 활용될 수 있다. 열원으로서는 니크롬선 등에서 나오는 저항 열에너지 외에 유도 열에너지, 전자 레인지에 의한 고주파 에너지를 들 수 있다. 이 중 유도 열에너지는 용기에만 열이 작용하기 때문에 가스에 비해 특별한 이점이 없으며 전자 레인지는 위치에 따른 차별 가열이 발생하므로 또한 적합하지 않다. 결국 니크롬선이나 할로겐 등에서 발생하는 열을 사용한다. 이들은 대부분 복사열을 통해 가열하므로, 열원은 상단에 있는 경우가 많다. 배전 효과를 높이기 위해 커피를 뒤섞어주는 회전 드럼통을 사용하거나 열풍을 불어준다. 커피에 어떠한 영향도 미치지 않는다는 점에서는 이상적이며, 구동 장치와 전자 제어 장치는 모두 전기 시설에 기반하기 때문에 자동화에 유리하다는 장점이 있다.

③ 숯

숯은 주로 직화 방식에서만 사용된다. 순수한 숯은 탄소로 이루어져 있으며 연소 시 온도가 높기 때문에 열에너지 공급 측면에서는 적합하다. 그러나 열 조절이 불편하고 비용이 많이 든다. 최근 숯을 사용한 배전은 관심의 대상이 되고 있다. 숯에 의한 배전과 가스에 의한 배전의 결과물은 향미의 경향성이 다르다.

(2) 가열 방식에 의한 분류

오늘날 상업용 로스팅 머신은 부분 가스 연소식 드럼 가열형을 채택한다. 회전하는 드럼 안에 생두를 투입하고, 아래에서는 열원을 통해 가열하며 사용된 공기는 여러 부산물과 함께 사이클론이나 애프터 버너를 통과하여 정화되는 것이다.

드럼을 가열하는 방식에 따라서 다음과 같은 구별이 있다.

① 직화식

직화식에서는 불길이 직접 생두가 있는 드럼통 안으로 올라올 수 있다. 열이 드럼이나 여타 기구를 데우는 데 손실되는 정도가 가장 적으므로 열효율은 가장 높다. 그러나 그만큼 커피에 집중적으로 열기가 닿기 때문에 대형으로 만들기는 어렵다. 화력에 대한 조절이 바로 배전 과정에 영향을 미칠 수 있는 구조이므로 직화식에서는 배전에 대한 통제력이 높다. 이는 배전 단계에서 화력을 임의로 조절하여 자신이 의도하는 바를 개성적으로 표현할 수 있음을 뜻한다. 그 반대의 결과도 나타날 수 있으므로, 결과물은 성공과 실패의 양극단으로 나뉘는 경우가 많다.

② 반열풍식

반열풍식에서 사용하는 드럼은 천공되어 있지 않다. 그러므로 불길은 생두가 있는 드럼통 안으로 올라올 수 없다. 가열된 드럼통과 한쪽에서 불어 들어오는 열풍이 생두를 가열한다. 고열의 공기와 가열된 드럼통은 화력의 조절에 쉽사리 반응하지 않으므로 통제력은 일정량 상실되나 그만큼 성공과 실패의 양극단화는 피할 수 있다.

반열풍식

직화식

③ 열풍식

열에너지는 오직 열풍으로만 공급된다. 열풍은 드럼 내부에서 같은 정도로 열에너지를 제공하기 때문에 기기를 대용량으로 만들 수 있다. 맛의 안정성이 잘 지켜지지만 직화식이나 반열풍식에 비해서 개성의 표현이 어렵고, 열 전달력이 낮은 공기를 열 매개체로 사용하는 만큼 연료의 낭비가 크다.

(3) 로스팅 머신의 구조

일반적으로 가장 많이 보급된 로스팅 머신은 배치 드럼 로스터Batch drum roaster이다. 생두를 드럼에 공급하여 일정 시간 동안 열과 만나게 되면서 로스팅이 진행되는 방식이다.

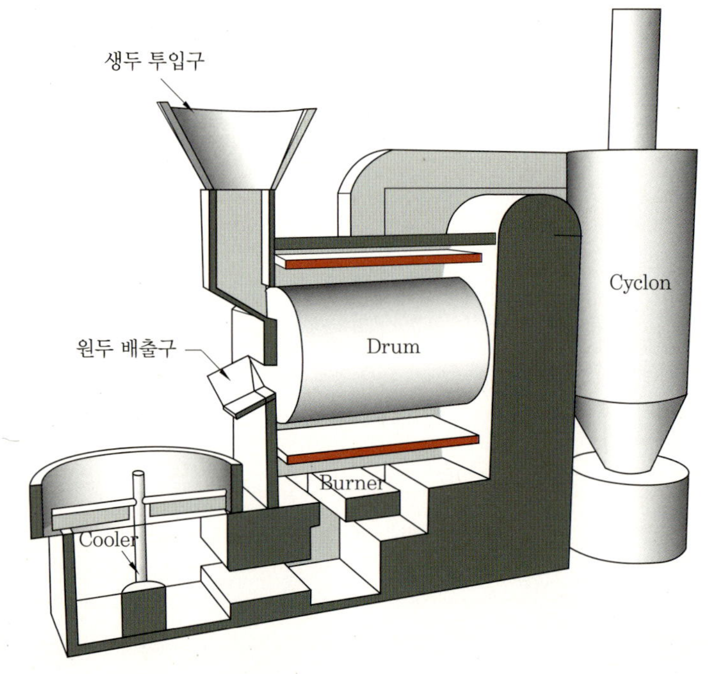

로스팅 머신의 구조

가열 형태와 열원에 따라 차이는 있지만 효율성, 맛과 향의 발현, 배전 실패의 위험 등을 감안하여 대부분 20분 내외에서 로스팅이 종료될 수 있도록 하고 있다. 기기의 규격은 드럼에서 한번에 가공할 수 있는 생두의 양에 따르며, 그 규격이 작업량을 결정짓는다. 매회 같은 작업을 반복하며 각 시기에 한 작업만 체크하면 되므로 오류를 범할 위험성이 적다.

로스팅 머신에는 여러 부수 장치가 필요하다. 드럼을 회전시키기 위해서는 구동 장치가 필요하고, 열을 공급하기 위해서는 열원 장치가 필요하다. 적절한 연소와 열 공급, 채프 배출을 위해서는 공기 강제 순환 장치가 있어야 하며, 로스팅 후 즉시 원두를 식힐 수 있도록 냉각 장치가 필요하다. 마지막으로 로스팅 전에는 많은 부산물이 발생하는데, 이들이 드럼에 남을 경우 연소하여 좋지 않은 영향을 미칠 수 있고, 제대로 처리되지 않고 배출될 경우는 환경 오염의 위험이 있으므로 부산물 처리 장치가 필요하다.

① 드럼Drum과 구동 장치

드럼은 밖에서 생두로 열을 유입하여 로스팅을 진행하는 역할을 한다. 열이 생두에 골고루 유입될 수 있도록 드럼은 회전하여 생두를 뒤섞고 움직여준다. 배출이 용이하도록 드럼은 일정 각도로 기울어져 있다. 드럼 내부의 브러시는 생두가 한쪽으로 뭉치지 않게 한다.

커피의 입·출구는 드럼의 한쪽면 위아래에 위치한다. 입구는 드럼의 열이 빠져나가지 않도록 크기가 작은 반면, 출구는 한번에 커피가 빠져나갈 수 있도록 최대한 크게 만든다. 상당수의 로스터는 출구에 내열 유리가 달린 조그만 창을 만들어 배전 상황을 살펴볼 수 있게 하고, 드럼 축 부분에는 샘플을 꺼내볼 수 있는 장치를 달아놓는다.

② 열원 장치Burner

배치 드럼 로스터에서 버너는 드럼의 아래쪽에 위치한다. 열원은 드럼 전체를 고루 가열할 수 있도록 드럼 길이만큼 길게 이어져야 한다. 가스 연소식 열원 장치에서는 연소가 잘 될 수 있고 불꽃의 정도를 눈으로 확인하기 쉽도록 연소실의 일정 부분은 열려 있다.

③ 강제 순환 장치

강제 순환 장치는 효율적인 열의 공급과 부산물의 제거를 위해 사용한다. 로스팅 과정에서 커피는 열 팽창을 하며, 이 과정에서 실버스킨을 비롯한 여러 물질이 떨어져 나가게 된다. 그대로 놓아둘 경우, 이들 부산물은 열기류를 타고 드럼 안에서 맴돌게 된다. 이들은 커피의 향미에는 전혀 도움이 되지 않으며, 공기의 흐름을 막거나 자체 연소하여 악영향을 미칠 수 있으므로 드럼에서 배출해내어야 한다.

강제 순환 장치는 드럼의 상단에 위치하며 강제적으로 공기를 뽑아내도록 되어 있다. 뽑아낸 공기는 매우 온도가 높으므로(230℃ 이상) 사이클론 등을 통해 냉각시키거나 애프터 버너를 통해 거른 후 열류를 재사용할 수 있게 한다.

④ 냉각 장치Cooler

로스팅된 커피의 냉각은 신속하게 진행되어야 하고, 그 방식에 있어서 원두의 맛과 향, 품질에 악영향을 주어서는 안 된다.

냉각제로는 대부분 공기를 사용한다. 공기는 커피에 영향을 주지 않으나 비열이 낮은 편이라 냉각 효과가 그리 높지 않다. 강제 송풍된 공기는 원두의 표면을 일시적으로 닫아두어 이산화탄소의 발현을 막는다. 닫힌 곳의 이산화탄소는 그 후 2일에 걸쳐 서서히 배출된다.

물을 냉각제로 사용하는 경우도 있다. 분무기를 사용하여 원두의 표면에 뿜어주어 기화열로 식히는 것이다. 배전 후 바로 추출할 경우는 이 방법을 통한 냉각이 더욱 낫다고 한다. 물론, 냉각을 수행함에 많은 주의가 요구된다.

냉각 장치는 드럼의 배출구 바로 아래 위치하여 원두가 배출되는 즉시 아래에서 송풍되는 공기를 통해 열을 제거하도록 하고 있다. 원두가 뭉쳐지면 그 부분이 제대로 냉각되지 않으므로 회전 브러시를 사용하여 고르게 펴준다.

⑤ 부산물 처리 장치

배기구를 통해 빠져 나온 기체에는 많은 양의 부산물이 포함되어 있다. 이들은 5mm 이상의 실버스킨(은피)에서부터 50~200 μm 정도의 분진을 포함한다. 이들 중 일부는 특이한 냄새를 풍기므로 적절한 청정 관리를 해주지 않을 경우 공기의 오염원이 된다. 특히 주택가, 도심 등지에서 로스팅 머신을 설치할 경우에는 청정 관리가 매우 중요하다.

가장 간단한 것은 사이클론 Cyclone collector 이다. 깔때기 모양의 이 기구는 배기 가스를 회전시킴으로써 운동에너지를 제거하고, 물 혹은 공기를 사용한 열 교환을 통해 열에너지를 제거한다. 이를 통해 일정 무게 이상의 부산물, 특히 실버스킨 종류는 가라앉게 된다. 사이클론으로 제거되지 않는 미세한 분진은 초고압 전류를 이용한 집진 장치를 사용하여 제거하기도 한다.

애프터 버너 Afterburner 는 열류를 재사용할 때 이용한다. 배출 가스에 대해 1,400°C 이상의 열을 가하여 분진과 냄새 요소를 모두 태워버린다. 가열된 공기는 열 교환기를 통해 드럼으로 유입될 공기를 예열해주고 자신은 배출된다.

⑥ 계측 장치

생두의 로스팅 정도는 온도, 색상, 팽창음, 시간 등으로 판단한다. 드럼은 밀폐되어 있으며 구조상 내부 전체를 보기란 힘들기 때문에 색상으로 판별하는 데에는 제약이 따른다. 생두의 팽창음은 로스팅 정도에 대해선 일정한 기준을 주지만 정밀성면에서는 떨어진다.

맛과 향의 발현을 이루어주는 로스팅의 중요성을 생각해본다면, 로스팅 정도에 대해서는 최대한의 정보 수집이 필요하며 이를 위해 온도, 시간 등을 실시간으로 구할 수 있어야 한다. 또한, 버너에 들어가는 가스 압력, 배출되는 공기의 양 등도 로스팅 정도 및 상황에 영향을 미치므로 실시간 계측을 해야 한다.

(4) 전체적 로스팅 진행 과정

구　　　분	현　　　상
① 생두 투입	• 드럼 내부 온도 저하
② 수증기가 비치기 시작	• 온도 상승 속도 느려짐. • 실버스킨(은피)이 선명히 보임(지푸라기 내음).
③ 기화 종료	• 실버스킨이 벗겨지기 시작 • 열 분해, 흡열 현상 • 팽창음 부러워짐. • 단내가 나기 시작
④ 열 분해에 의한 갈변	• 실버스킨이 심하게 벗겨짐. • 표면이 울퉁불퉁함. • 고소한 향이 나타나기 시작
⑤ 1차 크랙 시작	• 팽창이 빠르게 진행 • 잡맛이 강하고, 고소한 향
⑥ 1차 크랙 정점	• 크랙킹Cracking과 함께 순간적으로 수축 진행 • 콩 색이 다양 • 빠른 속도로 변화 • 신맛이 가장 강한 순간이며 캐러멜화 시작
⑦ 잔류의 실버스킨 제거	• 달콤, 고소한 향/Medium Light
⑧ 1차 크랙 종점	• 온도 상승 속도가 약간 느려짐.
⑨ 콩 내부에 고온 고압이 형성	• 중합 현상 • 발열로 인해 온도 상승이 빠르게 진행 시작 • 초콜릿향, 쓴맛/Medium
⑩ 2차 크랙 시작	• 연기가 나기 시작 • 쓴맛이 강해짐.
⑪ 오일이 생두 표면에 비치면서 얇게 코팅한 느낌	• 초콜릿향과 쓴맛이 강함./Medium Dark • 온도 상승 속도가 더 빨라짐.
⑫ 2차 크랙 정점	• 오일이 뭉친 현상이 많아짐. • 쓴맛이 매우 강함.

(5) 셀프 로스팅

커피의 신선도는 커피의 맛과 향을 즐기는 데 중요한 요소이다. 신선한 커피를 즐기는 방법
으로 전문 바리스타들이 전문 기술을 가지고 생두의 특징을 살려 로스팅된 커피를 즐기는 방
법도 있지만, 최근에는 직접 커피를 볶아 신선하게 즐기는 홈 바리스타들이 증가하고 있다.

　직접 커피를 볶아보면서 항상 신선한 커피를 마실 수 있
는 점과 경제적으로 자신의 기호에 맞게 커피를 즐길 수
있어 많은 사람들이 셀프 로스팅을 시도하고 있다.
　커피의 변화를 처음에서 끝까지 직접 보고 들을 수 있는
수망 로스팅부터 가정용 로스터를 이용한 로스팅까지 다
양하게 즐기고 있다.

수망

가정용 로스터

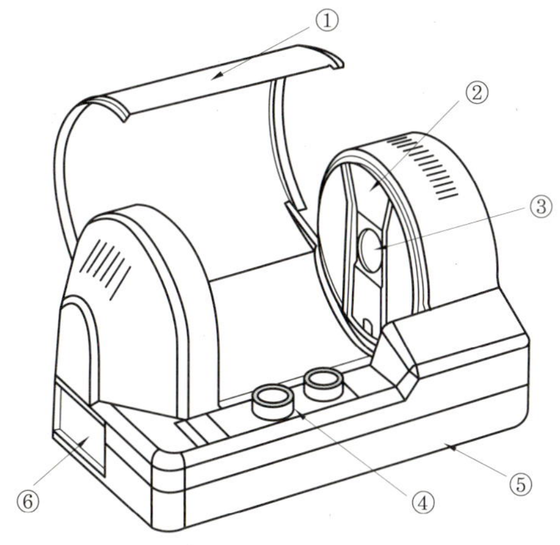

샘플 로스터 제네 카페로 실전 로스팅!

1. 로스터 구조

• **본체** Body

① 안전 커버   ② 볶음통 연결부   ③ 열풍 출구
④ 조작부 : 전원을 켜고 끌 수 있으며, 온도와 시간 설정 및 변경 가능
⑤ 팬 필터 : 팬으로 유입되는 먼지를 걸러줌.
⑥ 껍질통 연결부

• **껍질통** Chaff Collector

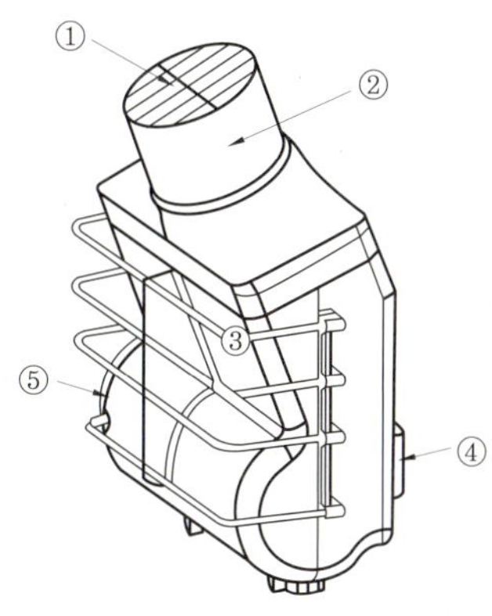

① 연기 배출구
② 연통 연결부
③ 안전망
④ 본체 연결부
⑤ 캡

• 조작부 Control Panel

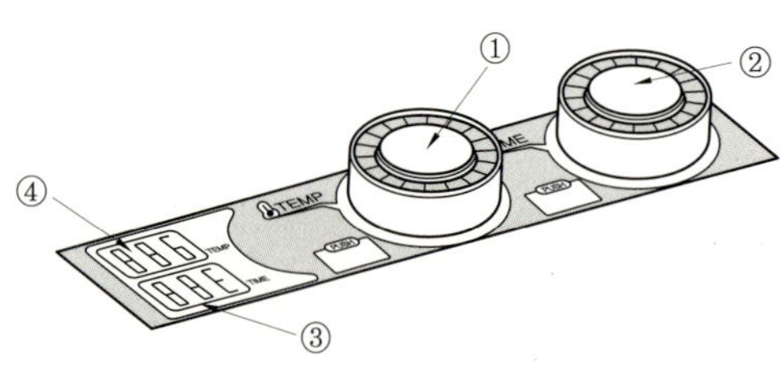 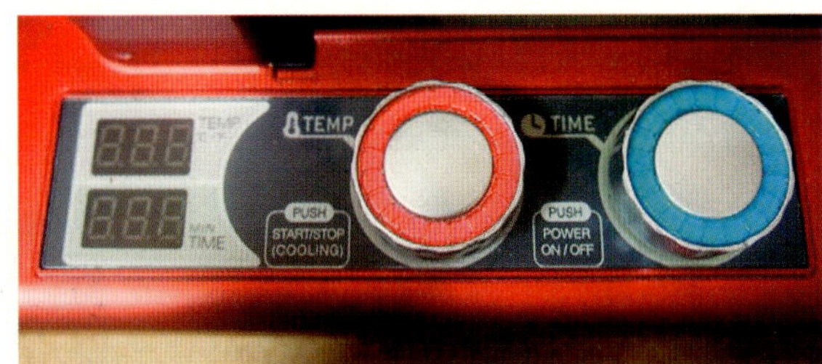

① 온도 노브 – 온도 설정 및 변경 – 로스팅 및 냉각 시작 / 비상 정지
② 연통 연결부 – 전원 ON/OFF – 시간 설정 및 변경
③ 시간 표시창   ④ 온도 표시

2. 사용 방법

① '로스팅을 어떻게 할 것인가?'에 대해 결정한다.

예 • 로스팅 정도는 어떻게 할 것인가?

     • 생두량은 얼마로 정할 것인가?(200g, 250g)

예열할 경우 전원 ON 버튼인 TIME 노브를 누르고, 살짝 오른쪽으로 돌린 후, 가열 시작을 위해 TEMP 노브를 눌러주면 된다. 예열되면 TEMP 노브를 길게 눌러준다(멈춤).

② 안전 커버를 뒤로 젖혀열고서, 볶음통의 손잡이를 잡고 탈착 버튼을 누른 후 위로 들어올려 본체에서 분리한다.

③ 뚜껑을 열고, 준비된(핸드픽킹한) 생두를 투입한다. 습식 건조 생두인 경우 250g, 건식 건조 생두 및 피베리종은 200g이 적당하다.

④ 시간 설정 : TIME 노브를 오른쪽으로 돌려준다(최대 30분).

⑤ 온도 설정 : TEMP 노브를 오른쪽으로 돌려준다(최대 250℃).

⑥ 시간 설정과 온도 설정이 끝나고, TEMP 노브를 누르면 로스팅이 시작된다.

⑦ 설정한 로스팅 정도가 되면, TEMP를 길게 눌러 다 멈출 때까지 기다린 후, 신속하게 원두를 빼내어 열을 식혀주면 된다.

커피의 배합 Blending

커피의 배합, 즉 블랜딩은 새로운 맛과 향을 창조하는 과정으로 재배 환경이 다른 지역의 커피를 비율에 맞게 섞어주어 조화로운 커피를 만들기도 하고, 같은 종류의 커피를 로스팅 정도를 다르게 해서 혼합하여 개성 있는 커피를 만들기도 한다.

블랜딩의 주된 이유는 커피 맛의 일관성을 유지하는 것과 개성 있는 커피의 창조를 위한 두 가지 의미를 가지고 있다고 볼 수 있다.

기후, 산지의 환경, 재배 환경 등으로 불안정한 커피의 맛을 일정한 맛과 향을 목표로 만들어낸다면 조금 더 안정적인 커피를 즐길 수 있다.

블랜딩은 커피에서 느껴지는 기본 맛인 단맛, 쓴맛, 신맛, 짠맛은 다른 맛을 증감시키거나 완화시킬 수 있는 과정으로, 숙련된 기술과 섬세한 감각을 통해 커피의 조화롭고 고급스러운 맛과 향을 연출한다.

블랜딩은 맛의 창조와 창조된 맛의 안정화라는 두 가지 조건을 충족시켜야 한다. 목표한 맛과 향은 되도록 상승 작용을 통해 강화되어야 하며, 이루어진 맛과 향은 최대한 지켜갈 수 있어야 한다. 따라서 블랜딩에 앞서 생두에 대한 속성을 충분히 알고 블랜딩해야 한다. 최적의 커피를 만들기 위한 블랜딩은 다양한 방법이 허용된다.

예를 들어 원산지가 다른 커피의 블랜딩, 로스팅 정도가 다른 커피의 블랜딩, 그리고 산지는 동일하나 가공 방법이 다른 커피의 블랜딩 방법이 있다. 어떠한 방법이든 블랜딩할 때는 먼저 원하는 커피의 향미 스타일을 정하고 목적에 맞는 생두를 선택한다.

다음으로 로스팅 정도를 결정하여 진행하고, 추출하여 커핑한 후 처음 의도한 결과가 나오지 않을 경우 다른 블랜딩 방법을 찾아 목적에 맞는 최적의 포인트를 찾아낸다.

로스팅 후 블랜딩 Blending after roasting & 블랜딩 후 로스팅 Blending before roasting

Blending after roasting	Blending before roasting
• 생두를 로스팅 후 블랜딩하는 방법	• 생두를 블랜딩 후 로스팅하는 방법
• 로스팅 정도가 달라 커피의 색상이 불균일	• 블랜딩 커피의 균일한 색상
• 커피의 재고 발생률이 높다.	• 커피의 특성이 달라 최적의 로스팅 정도 찾기 어렵다.

<table>
<tr><td>

블랜딩의 3대 의미

1. 커피 품질의 안정화
2. 공급의 안정성
3. 개성 있는 커피 향미 표현성

</td><td>

블랜딩의 기본 원칙

1. 혼합할 커피의 특징과 상태 파악
2. 대중적인 커피를 기본으로 개성 강한 커피를 혼합
3. 2종 블랜딩으로부터 시작

</td></tr>
</table>

5. 커피 향미를 디자인하다

추출Brewing이란?

추출이란 분쇄한 원두를 물을 이용하여 수용성 맛 성분의 물질과 휘발성향 성분 등을 뽑아내는 과정을 말한다. 커피의 맛과 향 성분은 로스팅을 통해 화학적 변화에 의해 생성된다. 이를 '향미'라 부르며 이들 성분은 향기Aroma, 맛 Taste, 중후함 Body, 색상 Color 등 커피의 관능적 특성을 나타낸다.

로스팅에 의해 생성된 수백여 가지의 향미 성분은 여러 가지 조건에 의해 다르게 나타난다.

커피 산지, 원두의 로스팅 정도, 커피의 양과 추출액의 양, 물의 온도, 물의 품질, 분쇄 정도와 추출 시간, 추출 방법, 음용자의 기호와 관계성 등 이러한 변수를 통해 다양한 커피의 향미를 느낄 수 있다.

맛있는 커피를 위한 조건

① 사용하는 커피와 물의 비율

한 잔의 커피를 맛이 있다 없다라고 구별지을 때 일반적으로 음용 커피의 농도와 추출 수율의 균형을 이야기할 수 있다. 커피의 농도에 영향을 끼치는 조건은 커피의 양과 물의 비율, 추출 온도, 추출 시간 등이 영향을 주는데, 보통의 맛있는 커피의 농도는 커피 성분이 1~1.5%이고, 물이 99~98.5%일 때이다.

추출 수율은 18~22%가 적당하고, 18% 보다 낮으면 견과류 같은 풀냄새와 물맛이 나며, 22% 보다 높으면 쓰고 자극적인 느낌이 난다. 주로 농도의 사용하는 커피의 양과 물의 양으로 조절 가능하고, 추출 수율은 분쇄도에 따른 추출 시간으로 조절 가능하다.

coffee break

추출 수율이란?

- 추출 후 커피 파우더에서 빠져나간 성분의 백분율 값
- (추출 전 커피 파우더 무게 – 추출 후 완전 건조시킨 커피 파우더 무게)/추출 전 커피 파우더 무게×100

② 양질의 물

한 잔의 커피 성분 중 98% 이상 차지하는 것은 물이다. 커피의 품질 만큼이나 커피의 맛에 영향을 끼치는 조건이다. 맛있는 커피를 만들기 위한 물의 조건은 깨끗하고 이취가 나지 않고 맛이 나지 않아야 한다.

일반적으로 커피 추출 시 적합하지 않은 물은 센물, 염소 처리, 불소 처리 등의 물이며, 활성 탄을 이용하여 정수한 물을 사용하면 무난하다.

커피에 사용되는 물은 중성이어야 하며, 경도, 알칼리도, TDS, Total Dissolved Solids가 적정 수준이어야 한다.

🍵 커피 제조에 사용되는 물의 조건

TDS	산성도	경 도	알칼리도
120~130ppm	7.0ph	70~80mg/L	50mg/L

커피를 제조하는 물의 TDS 수치가 너무 높으면 커피 가루에서 수용성 성분을 충분히 뽑아 내지 못해서 밋밋하거나 약한 맛이 날 수가 있고, 너무 낮으면 정제되지 않은 자극적인 맛들이

날 수 있다. 경수 속에 함유된 성분들은 커피 추출 시 높은 온도에 의해 침전될 수 있어 스케일을 형성시킬 수 있다.

특히 에스프레소 머신의 열교환기, 제어 장치, 보일러 등에 침적되어 안 좋은 결과를 초래할 수 있다. 알칼리도가 높은 물은 커피의 산을 중화시켜서 산미가 적은 밋밋한 커피를 만들어낼 수 있다.

- TDS : 물속의 용해된 미네랄, 염분, 금속, 양이온, 음이온 등 순수한 물 이외 물속에 포함된 모든 물질의 총 함량이다.
- 알칼리도 : 산을 중화시키는 능력을 말함.
- 산 : 산성도가 7.0 미만인 용액을 말함.
- 알칼리 : 산성도가 7.0 이상인 용액을 말함.
- 산성도 : 수소 이온의 농도를 측정하는 것으로, 7.0이 중성이다.

---

③ 분쇄 입자에 따른 추출 시간

추출을 위해 물과 만나는 표면적을 넓히는 과정인 분쇄 정도에 따라 커피 향미가 달라질 수 있으며, 분쇄 입자의 정도와 추출 시간을 어떻게 조절하느냐에 따라 커피 맛은 크게 영향을 받는다. 커피의 성분은 추출 초기에 대부분 추출되며 추출 시간이 길어지면 맛에 안 좋은 영향을 미치는 성분들이 추출되어 커피 맛이 없어지게 된다.

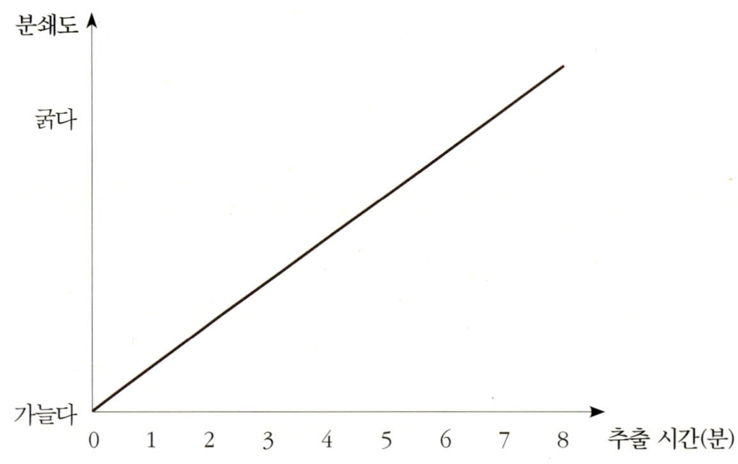

분쇄 입자가 가늘면 물과 만나는 표면적이 넓어 물과 만나는 시간이 길어지면 안 좋은 성분이 많이 추출되어 자극적이고, 분쇄 입자가 굵어지면 물과 만나는 표면적이 좁아 커피 성분이 덜 추출되어 밋밋하거나 싱거운 커피가 만들어질 수 있다. 따라서 분쇄 입자에 맞는 추출 시간을 고려해서 추출해야 원하는 좋은 향미의 커피를 만들 수 있다.

추출 기구에 따른 분쇄도

분쇄 굵기	입자 크기(mm)	추출 기구
거친 굵기	1.0~0.8	Percolator, French press
중간 굵기	0.7~0.6	Coffee maker, Kalita, Melita, Nell, Siphon
가는 굵기	0.5~	Siphon, Ibric, Mocha pot, Espresso machine

가는 굵기

중간 굵기

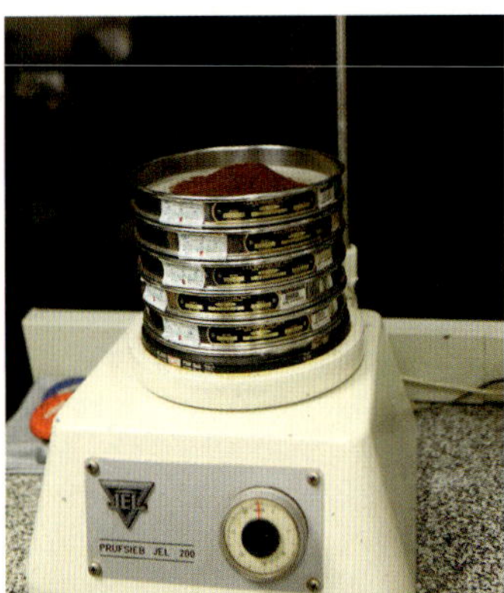

메시Mesh 측정기

④ 추출 시 물의 온도

커피의 향미 성분은 추출할 때 물의 온도가 높을수록 성분의 활성이 커지면서 자극적인 쓴 맛, 신맛 등이 강해지고, 반대로 온도가 낮을수록 가용 성분이 적게 추출되어 상대적으로 커피 맛이 밋밋해진다. 그리고 배전 정도에 따라 약배전일수록 조직이 단단하여 가용성 성분이 적으며, 강배전일수록 조직의 다공질화로 인해 가용성 성분이 많게 된다. 따라서 약배전일 때는 물의 온도를 높여 성분을 충분히 추출해야 하며, 반대로 강배전된 커피를 사용할 때는 물의 온도를 낮추어서 추출해야 한다.

배전도	약배전	강배전
물의 온도	높음.	낮음.

⑤ 추출 도구의 올바른 사용

커피 입자와 물이 만나는 시간, 물의 온도, 교반(물이 커피 입자를 통과하거나 위를 지나갈 때 섞어주는 작용)의 세 가지 변수를 적절하게 고려해 추출 도구를 사용한다.

⑥ 최적의 추출 방법

똑같은 품종의 커피를 사용한다 할지라도 추출 방법이 다르면 커피는 맛과 질감, 향이 차이가 난다. 추출 방법은 다음과 같이 나눌 수 있다.

구 분	기 구	원 리
침지	French press	커피 입자를 물과 함께 섞어 일정 시간 동안 끓여 추출하는 방법
달임	Ibric, 나폴리탄	커피 입자에 뜨거운 물을 순환적, 반복적으로 통과시켜 추출하는 방법
퍼콜레이션	Percolator	커피 입자를 물과 함께 섞어 일정 시간 동안 끓여 추출하는 방법
드립 여과	Paper filter drip, 융, Coffee maker, Water drip	중력으로 커피 입자 사이로 물을 통과시켜 필터Filter를 통해 여과시켜 추출하는 방법
진공 여과	Siphon	상, 하로 이루어진 기구를 이용해서 진공 상태를 이용해 추출하는 방법
가압	Mocha pot, Espresso machine	2~10압력으로 물을 커피 입자에 강제적으로 통과시켜 추출하는 방법

⑦ 적절한 여과 매체

추출액과 커피 입자를 완전히 분리시키지 못한다면 커피 음료는 텁텁하고 맛있게 음용하기 어려울 것이다. 여과 매체는 여러 가지 종류가 있는데 음료의 질감에 직접적인 영향을 주며 간접적으로 맛에 영향을 준다.

핸드 드립 전용 그라인더 종류

커피의 향과 맛

(1) 커피의 관능 평가

커피의 향과 맛은 로스팅이라는 과정을 거치면서 재해석되기 시작한다. 커피의 향미 성분은 무려 900여 가지 이상의 유기, 무기 성분으로 구성되어 있다.

이러한 성분들이 분리 또는 새로운 조합을 만드는 과정이 복잡하게 작용하면서 커피를 마실 때 느끼는 향미 성분들이 만들어진다. 향미 성분들은 우리 몸의 여러 기전을 통해 느껴지기 때문에 하나의 정의로 표현하기에는 다소 어려움이 있다.

커피의 향미는 커피의 품질을 나타내는 하나의 지표로 사용되기 때문에 객관적인 이화학적

분석법 또는 주관적인 관능 평가를 통해 평가된다. 주로 커피의 품질 관리는 관능 평가 방법에 의존하고 있으며, '커피 커핑 Cupping'이라고 부른다.

커피 커핑은 생두의 품질, 로스팅 추출의 만족도를 점검, 판단하기 위해 하는 과정으로, 국제적인 기준과 방법이 있으며 이는 체계적인 훈련으로 습득할 수 있다.

포괄적으로 커피의 품질은 다음과 같은 항목을 확인하고 판단한다.

구 분	항 목
생두	형태, 크기, 색상, 냄새, 생두의 균일성, 수분 함량, 결점두, 수확 시기 등
로스팅	색상, 향, 로스팅 정도, 원두의 균일성, 수율 등
커피 가루	색상, 향, 입자의 균일성, 미분의 혼입 등
추출 커피	탁도, 향미 평가, 농도, 추출 수율 등

커피 커핑이란 복잡하게 형성된 커피의 향미를 관능적으로 평가하는 과정이다. 좋은 품질의 재료를 구입하기 위한 산지의 커피 특성뿐만 아니라 추출된 음료로서의 맛과 향, 그리고 전체적인 특징 등을 인식하고 선택하기 위해 진행되는 과정이라 볼 수 있다.

또한 긍정적인 맛과 향을 위한 요소는 증대시키고 부정적인 요소는 제거함으로써, 전체 커피 품질의 향상을 위해 반드시 필요한 과정이다. 예전에는 커피 산지에서의 커피 커핑하는 전문가들의 의견이 절대적이었지만, 근래에는 소비권에서 커피 품질을 판단하는 전문가들의 역할이 증대되며 제 역할을 톡톡히 해내고 있다.

커피의 향미를 평가하는 과정은 후각 Olfaction, 미각 Gustation, 촉각 Coffee Mouthfeel 의 세 단계로 이루어진다.

① **후각** Olfaction

생성 기전	특 징	종 류
효소 작용	휘발성 강한 에스테르, 알데하이드 화합물에 의해 생성	Flowery, Fruity, Herby
당의 갈변	생두를 로스팅할 때 당의 갈변에 의해 생성	Nutty, Caramelly, Chocolaty
건열 반응	커피 음용 시 Aftertaste에서 느껴진다.	Terpeny, Spicy, Carbony
커피의 향기는 기체 상태나 증기 상태로 느껴진다.		

Bouquet이란?

1. 커피의 향기를 총칭하는 표현
2. 구 성

	종 류	상 태
Fragaance	로스팅된 원두를 분쇄 시 느껴짐.	가스
Aroma	추출된 커피를 음용할 때 느껴짐.	가스
Nose	커피를 마실 때 입안에서 느껴짐.	증기
Aftertaste	커피를 마시고 난 후 입안에서 느껴짐.	증기

향기의 강도 체계(향기를 느끼게 하는 유기 화합물의 농도 기준)

Rich	Full	Rounded	Flat
풍부하면서 강한 향기	풍부하지만 약한 향기	풍부하지도 않고 약한 향기	전체적으로 부족한 향기

② 미각Gustation

미각은 혀 표면 점막에 있는 수용체 세포에 의해 추출된 가용성 성분을 인식하는 감각 체계이다. 추출 시 미각으로 느낄 수 있는 수용성 화합물의 분류는 다음과 같다.

맛	느껴지는 부위
단맛	혀의 앞쪽 끝부분
짠맛	혀의 앞쪽 측면
신맛	혀의 뒤쪽 측면
쓴맛	혀의 뒤쪽 부분

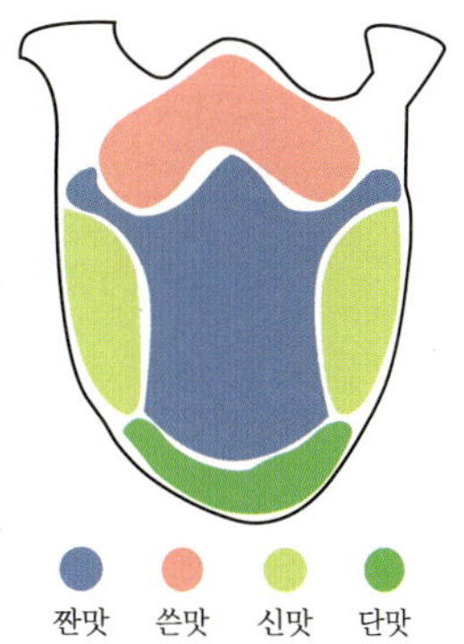

맛	종　류
단맛	캐러멜화된 당류
	아미노산 및 복합물
신맛	카페인산
	구연산
	사과산
	주석산
쓴맛	카페인
	트리고넬린
	클로로제닉산
	퀴닉산
짠맛	산화무기물

커피에서 느껴지는 기본 맛들은 함유된 강도에 따라 서로의 특징을 증가시키기도 하고 감소시키는 작용을 한다. 예를 들어 신맛을 내는 성분은 단맛과 짠맛을 증가시키고, 짠맛은 단맛을 증가시키며 신맛을 감소시킨다. 단맛은 신맛과 짠맛을 증가시키는 요소가 되기도 한다.

또한 이러한 맛은 온도 변화에 의해 다르게 느껴진다. 따라서 커피의 미각 테스트할 때에는 몇 단계의 온도에서 다양하게 테스트하여 커피 맛을 기록하는 것이 좋다. 커피 맛을 평가하는 기준 중 품질이 좋은 커피에서 주로 높이 평가되는 Acidity는 추출된 커피 속에 들어 있는 산의 강도를 표현하는 정량적인 용어이다.

> **Acidy**
>
> 추출된 커피에서 당 성분이 결합되어 전체적으로 달콤하게 느껴지며 상큼하다고 표현하는 용어로 고지대, 습식법 커피에서 주로 느껴지는 맛이다.

③ **촉각** Coffee Mouthfeel

촉각은 추출된 커피 액 중 불용성 지방과 부유(물 위나 공기 중에 떠다니는 물질) 형태의 고형 침전물들이 느껴지는 감각으로 입안 전체에서 느껴진다. 촉각에 영향을 주는 커피 성분들은 다음과 같다.

먼저 커피의 지방은 향기와 맛을 나타내는 중요한 성분이다. 주로 추출액의 표면 장력을 감소시켜 부드럽게 느끼게 하며, 커피의 향기와 맛을 운반하는 역할 또한 커피의 산패 과정에 향기와 맛을 변질하게 하는 중요한 역할을 한다.

물에 녹지 않는 고형 침전물은 생두에 아미노산 형태로 존재하다가 로스팅 과정에서 서로 결합하게 되어 분자량이 큰 불용성 단백질 성분이 된다. 이 물질로 인해 커피에 침전물이 형성된다.

커피의 향미 표현 중 바디Body는 커피 추출액 중에 있는 불용성 성분으로 인해 입안의 말단 신경이 반응하여 느껴지는 촉감이다. 촉감의 특성인 바디는 커피의 농도와 구별되어 사용되어야 한다. 커피의 농도는 추출된 커피 성분의 양과 강도를 표현하는 용어이기 때문에 반드시 바디와는 다르게 해석되어야 한다.

예를 들어 바디는 강하면서 맛은 강하지 않는 커피가 있을 수 있다. 반드시 농도가 강해야 바디가 강한 것은 아니다.

Body	표　현
강	Creamy, Heavy, Buttery
약	Watery, Smooth

후각 & 미각 & 촉각에 대한 관능적 용어들

후각 Olfaction	미각 Gustation	촉각 Coffee Mouthfeel
재스민, 커피 꽃, 바질,	Aatringent	
오렌지, 자몽, 포도, 사과, 딸기,	Bitter	
블루베리, 크린베리,	Soury	Buttery
오이, 완두,	Hard - 쏘는 신맛	Creamy
아몬드, 호두, 옥수수, 헤이즐넛,	Mellow	Light
꿀, 단풍 시럽,	Nippy	Smooth
다크 초콜릿, 버터,	Sharp	Thin
송진, 박하,	Sweet	Watery
생강, 고추,	Tart	등
연기, 재향	Winey	
등	등	

(2) 커피 향미의 결점 Flavor taints & Faluts

과　　정		발생 요인
수확과 건조	커피 열매가 고온과 습기에 노출되었을 때	발효냄새 Fermented
	생두의 지방 성분이 흙냄새를 흡수하였을 때	흙냄새 Earthy
	습기가 높은 환경에서 곰팡이냄새를 흡수하였을 때	곰팡이냄새 Musty
	생두 건조 과정 중 과도한 열로 인한 생두의 지방 성분의 변화에 의해	기름냄새 Hidy
저장과 숙성	수확한 후 처음 몇 개월 동안의 떫은 건초향	풀냄새 Grassy
	지속적인 효소 작용으로 인한 유기산의 소실로 인해	볏짚맛 Strawy
	생두의 유기 성분이 거의 소실된 상태	나무맛 Woody
로스팅 과정 중	캐러멜 생성 과정 중 열이 부족할 때	풋내 Green
	표면에만 강한 열이 전달되어 빠르게 로스팅될 때	강한 탄내 Scorched
	저온, 장시간 로스팅될 때	Baked
로스팅 후 산패 과정	탄산 가스의 증발과 함께 휘발 성분이 감소할 때	향기가 약한 Flat 김빠진 맛 Vapid
	산소, 습기에 의해 커피의 지방 성분이 변해 산패되었을 때	무미한 맛 Insipid Stale Rancid Tobacco
추출 후 보관 중	• 추출 후 커피 성분의 변화는 어느 단계보다도 빠르게 진행된다. • 추출액의 온도 변화에 따른 기체 성분들의 휘발에 의해	김빠진 맛 Vapid 무미한 맛 Insipid 시큼한 맛 Acerbic 짠맛 Briny 탄내 Tarry 좋지 않은 무기질맛 Brackish
외부 환경 오염	• 섬유소와 지방 성분의 강한 흡습성 및 흡착성에 의해 • 추출수의 오염에 의해	다양한 향미 결함

커피 커핑

커피 커핑은 커피 향기와 맛의 특성을 평가, 객관화시키는 작업이다. 이 과정은 품질 좋은 생두를 구입하는 데 길잡이가 되고, 로스터들이 원하는 맛을 찾아 소비자에게 다양한 커피 향미의 특성을 알려주기도 하는 역할도 하며, 선호하는 특징의 커피를 선택하는 데 도움이 되기도 한다.

커피 커핑은 객관화된 전문가들에 의해 진행되며, 이러한 전문가들은 생두의 산지별 특성, 로스팅 단계에서의 변화 등 포괄적인 전문 지식을 바탕으로 커피의 향미를 관능적으로 일관성 있게 평가해야 한다. 큐그레이더 Q-grader, 커핑저지 Cupping judge, (사)한국커피협회의 향미 평가사 등의 제도에 의해 이러한 전문가들이 양성되고 있다.

커피 커핑은 일관성 있는 결과를 위해 전 세계적으로 공통화된 기준으로 진행되며, 향기와 맛의 품질을 숫자로 표시하여 평가하고 있다. 커피의 향미 평가는 다음과 같이 진행된다.

SCAA 커피 커핑 방법

① 중간 볶음 Medium roast, 로스팅된 후 8시간 이상, 24시간 이내의 커피 준비

② 커피 분쇄는 US 기준 MESH20을 75% 통과한 것 기준 : Fine grind

③ 커피의 양은 홀빈 Whole bean 상태에서 무게를 체크해서 준비한 후 물(92~96℃) 150mL당 커피 8.25g을 준비(5컵 준비) : 물과 커피의 양은 같은 비율에 따라 조절 가능

④ 준비된 5개의 컵에 분쇄된 커피를 넣고 뚜껑을 닫아놓는다.

⑤ 순서대로 뚜껑을 열고 분쇄된 커피의 향기 Fragrance 를 맡는다.

⑥ 준비된 물을 커피에 고르게 붓는다, 이때 올라오는 향기 Aroma 를 맡는다.

⑦ 4분 간 침지 후 커피 층을 깨주고 Break 커피 층 아래의 향기를 맡는다. 이때 한 컵에 사용한 커핑 스푼은 깨끗한 물에 린싱 후 물기를 제거한 후 진행한다.

⑧ 스푼으로 커피 층을 걷어내고 커피를 시음 Sluping 한다. : 추출된 커피를 강하게 흡입하면 액체 커피가 증기로 변하여 코의 후각 세포에 향기를 인식하고, 향의 모든 부분에서 맛을 느낄 수 있다. 이때 강하게 흡입하는 소리가 난다.

⑨ 몇 초 동안 입안에 커피를 머금으면서 Flavor, Aftertaste, Acidity, Body, Balance, Sweetness, Uniformity, Clean cup 등을 평가한다.

⑩ 위의 항목들은 수차례 반복해서 평가한 후 기록지에 기록한다.

온도에 따른 평가 순서

60~70℃	약 37℃
Flavor, Aftertaste, Acidity, Body, Balance	Sweetness, Uniformity, Clean cup

다양한 커핑 룸

커핑 준비

5개가 한 세트인 커핑 컵

커핑하는 모습

타구

물 부은 상태

아로마 맡는 모습

브레이크Break 후 향을 맡는 모습

커피 층 걷기

테스팅

커피 향미 평가지

Cupping Form

Name :

Date :

Origin	Process	Quality Scale :
☐ East Africa	☐ Washed	6.00 - Good　7.00 - Very Good　8.00 - Excellent　9.00 - Outstanding
☐ Asia	☐ Natural	6.25　7.25　8.25　9.25
☐ Central America	☐ Semi Washed	6.50　7.50　8.50　9.50
☐ South America	☐ Pulped Natural	6.75　7.75　8.75　9.75

Sample | Roast Level or Sample | Score: Fragrance/Aroma | Score: Flavor | Score: Acidity | Score: Sweetness | Score: Body | Score: Clean Cup | Score: Overall | Total Score

Dry Qualities Break | Score: Aftertaste | Intensity High Low | Intensity High Low | Score: Balance | Score: Uniformity | Defects (Subtract) Taint=2 Fault=4 | Final Score

2 + 2 + 2 + 2 + 2

Notes:

SCAA 커피 커핑 폼 Cupping form

Chapter 3

커피를 느끼다

1. 커피로 살아가는 사람들

커피! 참 많은 의미를 담고 있는 단어란 생각이 든다.

오랜 시간 동안 커피를 통해 인생을 살아가는 사람들이 도처에 있겠지만, 이 장에서는 산지에서 커피를 통해 커피를 위해 흐르는 시간을 사용하는 사람들의 모습을 담고자 한다.

맛있는 커피 한 잔을 위해 땀방울을 흘리는 커피인들을 위해, 맛있는 커피를 멋있게 즐길 수 있는 커피 애호가들을 위해, 커피 한 잔의 여유에서 인생을 멋있게 살아가는 사람들을 위해서이다.

체리 수확하는 모녀

커피 농장의 아이들

커피 농장의 아이들

커피 농장의 아이

체리 수확하는 아이

커피 농장의 아이들

수확하러 가는 아이

수확하는 소녀

커피 백 이동 전

커피 백과 아이

체리 선별

체리 건조

건조 후 선별하는 사람들

커피 농장 관리인

모종 지배인

커피 농장의 가족

커피 농장의 인디헤나 Indigena 가족들

커피 농장으로 이동하는 사람들

커피 농장의 풍경

커피 농장의 사람들

2. 커피 산지의 이모저모

파치먼트 탈피 중

파치먼트 전용 커피 백

하라Harrar인의 여유로운 오후 풍경

하라의 시장

핸드픽킹Hand picking

아이 손과 커피

체리와 커피 백

가공 직전의 체리

과육 탈피 기계

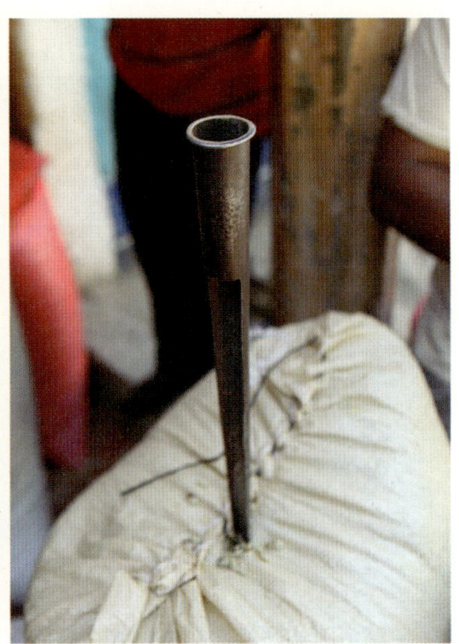

커피 확인

수확한 커피 이동

선별된 체리들

선별하는 체리

커피 농장의 환영식

커피 농장의 커피 타임

과테말라 아티틀란 Atitlan 호수를 바라보며

과테말라 안티구아 Antigua 의 해질녘

해발 1,800m 농장에서 바라본 콜롬비아 마을

콜롬비아 도시 풍경

과테말라 인헤르또 Injerto 농장 풍경

엘살바도르 빠까스 Parcas 농장의 선별

커피 꽃

커피 꿀

그린빈과 체리

커피 농장의 꽃과 나비

선별된 보석같은 체리

커피 나무로 만든 화분

농장에서 바라본 하늘

파티오

문준웅. PERFECT ESPRESSO. 아이비라인, 2008.
송구영 · 최유미. 스페셜티 커피 오브 브라질. 서울꼬뮨, 2009.
송주빈. 커피 사이언스. 주빈 출판사, 2009.
여동완 · 현금. Coffee. 가각본, 2004.
유대준. COFFEE INSIDE. 해밀, 2009.
이윤호. 완벽한 한 잔의 커피를 위하여. MJ미디어, 2008.
장상문 · 허경택 · 이정기 · 김윤호. 커피학. 광문각, 2010.

Illy, A., & Viani, R. Espresso Coffee. Academic Press, 1995.
Lingle, T. R. The Coffee Brewing Handbook. SCAA, 1996.
Lingle, T. R. The Coffee Cuppers Handbook. SCAA, 2001.
SCAA. Arabica Green Coffee Defect Handbook, 2004.

Guatemalan National Coffee Association, www.guatemalacoffees.com

커피를 배우다

2013년 3월 20일 1판 1쇄
2020년 1월 10일 1판 4쇄

저자 : 안지영
펴낸이 : 남상호

펴낸곳 : 도서출판 **예신**
www.yesin.co.kr

04317 서울시 용산구 효창원로 64길 6
대표전화 : 704-4233, 팩스 : 335-1986
등록번호 : 제3-01365호(2002.4.18)

값 18,000원

ISBN : 978-89-5649-106-6

* 이 책에 실린 글이나 사진은 문서에 의한 출판사의
동의 없이 무단 전재 · 복제를 금합니다.